世界知名科学中心发展研究

World famous science center development research

张士运　李海丽◎主编

科学出版社
北　京

图书在版编目（CIP）数据

世界知名科学中心发展研究 / 张士运，李海丽主编. —北京：科学出版社，2018. 3

ISBN 978-7-03-056719-2

Ⅰ. ①世… Ⅱ. ①张… ②李… Ⅲ. ①科学中心-发展-研究-世界 Ⅳ. ① G311

中国版本图书馆 CIP 数据核字（2018）第 044553 号

责任编辑：朱萍萍　程　凤 / 责任校对：邹慧卿

责任印制：徐晓晨 / 封面设计：有道文化

编辑部电话：010-64035853

E-mail：houjunlin@mail.sciencep.com

科学出版社出版

北京东黄城根北街 16 号

邮政编码：100717

http://www.sciencep.com

北京科印技术咨询服务有限公司数码印刷分部印刷

科学出版社发行　各地新华书店经销

*

2018 年 3 月第　一　版　开本：720×1000　1/16

2024 年 9 月第三次印刷　印张：12

字数：200 000

定价：75.00 元

（如有印装质量问题，我社负责调换）

本书编写组

主　　编　张士运　李海丽

编写人员（按姓氏笔画排序）：

江光华　李宪振　李海丽　杨　洋　陈媛媛

类淑霞　袁燕军　翟亚宁　蔡志刚

前 言

Preface

2014年2月，习近平总书记在北京视察工作时，进一步明确了北京“全国政治中心、文化中心、国际交往中心、科技创新中心”的城市战略定位。[①] 2016年5月，中共中央、国务院印发的《国家创新驱动发展战略纲要》明确提出，要“推动北京、上海等优势地区建成具有全球影响力的科技创新中心”。2017年2月，习近平总书记再次视察北京，指出“要以建设具有全球影响力的科技创新中心为引领，集中力量抓好‘三城一区’建设，深化科技体制改革，努力打造北京经济发展新高地”。党的十九大报告再次强调指出，“创新是引领发展的第一动力，是建设现代化经济体系的战略支撑”。因此，建设全国科技创新中心是国家赋予北京的新定位。北京要代表国家参与全球创新竞合，支撑和引领我国迈向世界科技强国之列。

为了推动全国科技创新中心建设，2016年，国务院印发了《北京加强全国科技创新中心建设总体方案》。目前，北京市正在按照“设计图”、“架构图”和“施工图”三张图积极推动创新中心建设。2017年部署启动的215项“工作任务”和“重点项目”进展顺利，完成率达到97%，“三城一区”呈现新格局，一批人工智

① 新京报. 疏解提升“四个中心”定位新北京. http://www.chinanews.com/cj/2017/06-04/8241445.shtml［2017-06-04］.

能、集成电路、生物医药等重量级原创成果竞相涌现。但与此同时，科技创新中心建设还有很多问题需要我们去面对，如创新生态仍需进一步完善、高端人才的缺乏问题比较突出、科研院所的创新积极性仍需加强。

为了将全国科技创新中心建设引向深入，我们必须以习近平新时代中国特色社会主义思想为指导，奋力拼搏、努力进取，同时积极借鉴历史上的有益经验。“他山之石，可以攻玉”，近代科学诞生于文艺复兴时期的意大利，并扩散到欧洲其他国家。世界发生了五次科学中心转移：古代中国—意大利（1504～1610 年）—英国（1660～1750 年）—法国（1760～1840 年）—德国（1875～1920 年）—美国（1920 年至今）。世界科学中心的形成和转移不只是科学本身的事情，其与技术、经济、社会、政治、文化及教育等因素密不可分。世界科学中心的转移过程也伴随着这些中心的转移。

本书从科学与技术的关系、人类社会发展史、经济发展、教育发展、文化繁荣发展、大科学装置等重大科学基础设施及政府等七个方面详尽而深入地分析了近代以来世界知名科学中心的形成、发展与转移，以及其对本民族前途命运和世界格局变化的深刻影响，从马克思主义理论高度阐述了建设和形成世界科学中心对建设世界科技强国的重大意义，对北京落实城市战略定位、建设具有全球影响力的科技创新中心具有一定的现实指导意义。

本书是在北京科学技术委员会支持的课题“世界知名科学中心发展研究”基础上编写而成的，由北京科学学研究中心张士运主任负责课题的整体推进工作，并负责本书整体框架和各章内容的把控，李海丽副研究员负责研究与撰写工作的具体组织协调。全书共分七章，具体分工如下：第一章由李海丽编写，第二章由袁燕军编写，第三章由李宪振编写，第四章由类淑霞编写，第五章由江光华编写，第六章由蔡志刚编写，第七章由翟亚宁、杨洋编写。

由于编者学识和水平有限，书中疏漏之处在所难免，欢迎读者提出宝贵意见和建议。

编 者

2018 年 2 月

目 录
CONTENTS

第一章

基于科学与技术关系视角的世界知名科学中心建设路径

在科技史发展进程中，世界科学中心发生过 5 次大转移，从古代中国到意大利、英国、法国、德国，再到美国。从这 5 个西方世界知名科学中心形成的历史看：近代欧洲率先兴起了以文艺复兴为标志的思想启蒙运动，为生产力和科学技术的发展提供了思想保障，而生产力和科学技术发展到一定阶段引发了工业革命。工业革命的成功反过来又极大地提高了生产力，为科学技术的进一步发展提供了物质保障和现实需要。欧洲成为当时全世界经济、社会和科学技术总体发展水平最高的地区，相继诞生了意大利、英国、法国和德国四个世界科学中心。美国作为主要依靠移民建立的国家，继承了欧洲近代发展的一切成果，包括思想的解放、科技的勃发、生产方式的革命。总结这五个世界科学中心形成的原因，都是在西方文明体系下，以文艺复兴和工业革命为先导，率先实现了工业化。直至今日，这几个国家仍继续受益于这种先发优势，在其他大多数国家还在苦苦寻求工业化之路时，它们已经或正在进入后工业化时代，继续在经济、社会和科学技术等方面领先世界其他国家①。

世界科学中心的形成，不仅是科学本身的事情，其与政治、经济（技术）、文化、教育等更是不可分割。从纵向看，文艺、哲学、教育、政治、科学、技术、经济领域都有活动中心转移的现象，科学中心转移只是其中一个方面。从横向看，各个国家的情况不尽相同。意大利的科学，由于当时还处于经验阶段，其他社会因素（社会革命例外）都为科学发展做准备，因而它们的高潮都发生在科学高潮之前。英国的科学高潮发生在文艺、哲学、教育、政治高潮之前和之中，技术和经济高潮发生在科学高潮之后。法国的科学高潮和文艺、哲学、教育和政治高潮交织在一起，技术高潮在科学高潮之后，而经济高潮在科学高潮之前。在德国，除了文艺高潮发生在科学高潮前，其余高潮几乎同时发生。美国的科学高潮发生在文艺高潮和社会革命之后，而哲学、教育、技术和经济高潮比科学高潮发生早几十年，此后便同步发展了。②同科学中心转移一样，技术中心也发生了转移。根据相关统计研究，近代技术中心转移的次序是：意大利（1380～1520 年）—德国（1480～

① 李霄，杨晓秋. 2005. 坚定信心. 发奋图强. 建设世界科学中心. 中国基础科学，17（6）：33-38.

② 魏屹东，郭贵春. 2001. 科学中心转移现象的社会文化语境分析. 科学技术哲学研究，18（6）：52-55.

1570 年）—法国（1680～1760 年）—英国（1690～1870 年）—德国（1860～1930 年）—美国（1870 年至今）。与科学中心意大利（1540～1620 年）—英国（1660～1750 年）—法国（1760～1840 年）—德国（1840～1910 年）—美国（1920 年至今）的转移次序比较，可以发现科学和技术互动发展的三个模式：技术→科学、科学→技术、科学↔技术。意大利和法国的技术中心产生在科学中心之前，技术推动科学；英国的技术中心产生在科学中心之中与之后，技术与科学互动并由科学推动技术；德国发生了两次技术革命，第一次技术中心是后来的科学中心的前导，技术推动科学，第二次技术中心与科学中心同步，科学与技术互动发展；美国的技术中心比其科学中心提前了 50 年，技术推动科学，后来是科学推动技术，科学与技术互动发展。

第一节　科学和技术的内涵与特征

一、科学的内涵与特征

（一）科学的内涵

《现代汉语词典》（第 7 版）将“科学”解释为：“①反映自然、社会、思维等的客观规律的分科的知识体系。②合乎科学的。”1979 年版《辞海》对“科学”的解释为：“科学是关于自然界、社会和思维的知识体系，它是适应人们生产斗争和阶级斗争的需要而生产和发展，它是人们实践经验的结晶。”1999 年版《辞海》则重新解释“科学”为：“运用范畴、定理、定律等思维形式反映现实世界各种现象的本质和规律的知识体系。”法国《百科全书》解释“科学”为：“科学首先不同于常识，科学通过分类，对寻求事物中的条理。此外，科学通过揭示支配事物的规律，以求说明事物。”苏联《大百科全书》将“科学”解释为：“科学是人类活动的一个范畴，它的职能是总结关于客观世界的知识，并使之系统化。‘科学’这个概念本身不仅包括获得新知识的活动，而且包括这个活动的结果。”

英文中“科学”（science）一词来源于拉丁文 scientia，意为“知识”“学问”。明治元年，日本的福泽谕吉执笔的科学入门书《穷理图解》出版，“science”进入了日本，启蒙思想家西周使用“科学”作为译词。许多人认为，中国最早使用“科学”一词的学者是康有为。他在《日本书目志》中就列举了《科学入门》《科学之原理》等书目。辛亥革命时期，中国使用“科学”一词的频率逐渐增多，出现了“科学”与“格致”两词并存的局面。民国时期，通过中国科学社的科学传播活动，“科学”一词才取代“格致”一词。

综上，科学是表示人类对客观存在及其规律的正确认知的知识，也可以形象理解为客观存在及其变化的规律，经过意识的思考整理，准确表述为知识，而这样的知识可以被他人学习和掌握，并可以按其表述的条件验证其表述结果的正确性。科学的表述应该是准确、清晰、无歧义，在同样的条件下，所描述的现象和结果与客观实际相吻合。同样，只要我们以技术手段复观科学的条件，必然会得到一致的现象和结果。

（二）科学的特征

1. 客观性

科学的对象一定是客观的，其结论一定是符合客观实际的。从知识表述的角度来看：科学符合知识的客观性，但科学的表述更要求准确性和无歧义，为此，在一般交流语言的基础上，不同的学科又发展出更准确的专业术语和专业表述方式，如图形、符号、公式等。

2. 验证性

按科学所表述的条件（边界和初始条件相同），在同一角度观察同一对象，结论相符。当技术条件成熟后，通过技术实现其要求的边界和初始条件，则可重复实现科学所表述的结论。当通过技术实现重现后，则可进一步观察一定条件和参数变化对其结论的影响，可深化与完善科学表述的内容，以此形成对技术应用的支撑。

3. 传承性

科学秉承知识的传承性，一方面是记录于客观存在并可学习的媒介上；另一方面是掌握其专业术语和专业表达方式。科学是人类知识的精华，是人类财富与智慧传承的核心。只要科学在，人类就能在此基础上组建技术体系，进而达到自己的目的。

4. 局限性

科学只在给定的条件下成立，一旦出界，原来的科学就可能成为谬误。科学对于技术，只要技术建立了相应的条件，就可重复科学的结论。科学局限也体现为包容，对于超出自己条件的，科学只能说不知道和不确定，而不能去随意否定和毁灭。

二、技术的内涵与特征

（一）技术的内涵

自从人类社会发端，技术就与每个人息息相关。比如古老的保留火种技术就是把雷电击中的枯树或者自燃起火的火种保存在洞穴中，使之一直燃烧。技术的原意是技艺、手艺。1615 年，英国的巴克爵士创造了“technology”一词，表示技术原理和过程。18 世纪末，法国科学家德尼·狄德罗（Denis Diderot，1713—1784）给技术下了一个定义，即“技术是为某一目的共同协作组成的各种工具和规则体系”。该定义包括五个方面的含义：①技术是“有目的”的。②技术是通过“社会协作”实现的。③指明技术的首要表现是生产“工具”，是设备，是硬件。④指出技术的另一重要表现形式——“规则”，即生产使用的工艺、方法、制度等知识，是软件。⑤技术是成套的知识系统。

综上，技术是解决生产和生活中实际问题的各种物质手段和经验、技能、知识、方法等要素构成的有机系统。

（二）技术的特征

1. 技术的“中介”性

技术的根本任务是解决人类在改造客观世界的实践活动中“做什么”和“怎么做”的问题。

2. 技术具有自然属性

技术的自然属性是指任何技术都必须符合自然规律。任何时代的技术，都是对自然规律的自觉或不自觉的应用。

3. 技术具有社会属性

技术的社会属性是指任何技术都是人们出于社会需要，按人的意愿而创造发明的。

第二节 科学和技术的关系

从历史上来看，科学与技术的关系发展大约经历了三个阶段：18 世纪前是技术→科学阶段，18～19 世纪是科学→技术阶段，20 世纪以后是科学↔技术阶段。经过这三个阶段，技术由经验技术转变为科学技术和高新技术。经验技术是科学的准备，科学技术和高新技术是科学的继续与衍生。

一、原始时期到中世纪——科学和技术处于分离阶段

科学与技术两者的源头是泾渭分明的。“人类的技术史随着人类本身开始。”制作石器、打猎捕鱼、火的控制与使用、耕作种植及蓄养家禽等都属于技术范畴，这些技术对人类早期的生存至关重要，足以影响到人类的进化进程，但是和科学却没什么关系。①原始社会初始，技术就存在，科学还未产生。19 世纪之前，尽管有科学与技术融合的案例，但从科技的整体面貌看，科学与技术在大部分时间内是两条平行线，处于分离状态。

从历史上看，技术先于科学，科学源于技术，技术是科学之母。人类一开始凭经验进行生产，在漫长的生产过程中，提炼出技术，然后在改进技术的过程中产生科学。例如，蒸汽机的发明过程，引入蒸汽动力花了 200 多年时间。19 世纪中叶前，这项现代工业发展史中最重要技术的发展几乎没有从“纯”科学那里获得任何帮助。蒸汽机的产生完全是出于工业上的需要——解决矿井中抽水这一技术问题。詹姆斯·瓦特（James Watt，1736—1819）利用约瑟夫·布莱克（Joseph Black，1728—1799）的潜热理论发明分离式冷凝器，这是理论为蒸汽机的发明做

① 欧德良，丁业鹏. 2010. 历史上科学与技术的关系，山西高等学校社会科学学报，22（10）：22-26.

出的唯一重大贡献。除此之外，蒸汽机的发明和改进都是一些有实际经验的发明家完成的。这是技术先于科学的典型例子。可见，人类在拣取和改造物质以制造工具来满足主要需求的过程中，首先产生技术，随后产生科学。

二、近现代——科学与技术处于联结阶段

近代和现代是科学与技术联结时期。18 世纪，科学与技术开始联系，但表现不显著。18 世纪，瓦特改良蒸汽机，而蒸汽机关键部件凝汽器的出现，很大程度上受布莱克阐述的关于熔化与沸腾过程的潜热理论影响，这被认为是科学与技术开始结合的标志。蒸汽机的改进也进一步推动了热力学理论的进步。18 世纪，理论力学开始影响机器制造业。19 世纪前期，英国科学家迈克尔 · 法拉第（Michael Faraday，1791—1867）发现电磁感应现象，之后英国物理学家詹姆斯 ·克拉克 ·麦克斯韦（James Clerk Maxwell，1831—1879）验证了电磁理论，德国物理学家海因里希 · 鲁道夫 · 赫兹（Heinrich Rudolf Hertz，1857—1894）用实验证实了电磁波的存在，电磁理论的完备为电力技术的发展提供了支持。19 世纪中叶，热力学第一定律和第二定律促进了内燃机的研制。这一时期，科学理论开始有力地促进技术研究、带动实用技术发展，即技术科学化。另外，显微镜的发明，加速了细胞学说的创立，体现出技术作为实验手段促进科学理论发展的作用，即科学技术化。由此可见，自 18 世纪以后，科学与技术开始融合，科学促进技术，技术带动科学研究。在现代时期，科学与技术之间的联系更加紧密。两者相互作用，不断推动现代科技的进步，如电子显微镜技术的出现、DNA 双螺旋结构模型的研究等使分子生物学作为一门学科得到承认；而现代核技术、航天技术、材料技术的发展则是科学与技术共同起作用的结果。

从近代后期来看，科学上先有重大发现，技术上才有重大突破，科学是技术之父，技术是科学发展的延伸和应用。①

---

① 巨乃岐，刘冠军. 2004. 从科学与技术的关系看科学向技术转化的实质与要求. 河南大学学报（社会科学版），44（1）：24-28.

三、当代——科学与技术处于界限日益模糊阶段

对于当前的许多研究开发活动，人们很难区别出哪一部分是纯粹的科学研究，哪一部分是技术研究，科学与技术之间的界限变得越来越模糊，两者在很大程度上已经融为一体了。因此，当代科学技术发展的一个重要特点是：既不是传统的生产—技术—科学模式，也不是科学—技术—生产模式，而是科学、技术与生产三者正负双向联系的完整体系。科学中有技术，技术中有科学，科学与技术完美结合，从而真正体现科学技术作为第一生产力的巨大威力。同时，科学技术转化为现实生产力的周期越来越短，如量子力学的发展。量子力学是 20 世纪最重要的科学成就之一，催生了量子信息理论，由此形成了量子技术。量子科学曾在质疑声中艰难前行，直到 20 世纪末，量子技术的迅速发展在一定程度上反过来推动了量子科学的发展。呈现出理论与技术齐头并进的发展态势。再如石墨烯技术的发展。2004 年英国曼彻斯特大学的安德烈·海姆（Andre Geim，1958—　）教授和康斯坦丁·诺沃肖洛夫（Konstantin Novoselov，1974—　）教授通过一种很简单的方法从石墨薄片中剥离出了石墨烯。虽然石墨烯出现还不到十年时间，但已经展现了许多技术上的应用，可以看出科学技术走向应用的时间越来越短。

四、小结

科学与技术不仅相互区别，而且相互联系、相互作用并互动发展。首先，科学依赖技术，科学的“成立”要经过技术的检验，技术是检验科学理论是否正确的基本途径和主要手段；科学的发展要靠技术提供物质手段，特别是科学实验和仪器设备都需要技术发展来提供；科学的发展需要技术的不断推动，技术是科学发展的动力，为科学发展提供经验材料和认识课题。其次，技术也依赖科学，技术的形成要有科学根据，科学为技术提供理论基础，指明发展方向甚至具体道路。再次，科学和技术相互促进。科学和技术的发展历来是不平衡的。技术有时走在科学前面，推动科学的发展。近代科学诞生以前，情况就是这样。科学有时也走在技术前面，带动技术的发展。电力革命以来的科技发展过程基本就是这样。

在“科学—技术—生产”一体化的社会实践中，科学与技术相互渗透、相互交织且融为一体。正因为如此，人们对于“科学技术”这个词汇已经习以为常。

科学与技术尽管有许多联系并互动发展，但它们毕竟不是一回事。我们说“科学技术是第一生产力”，但这并不意味着科学就是直接的生产力，也不意味着科学就是技术。科学要转化为技术，科学技术要成为第一生产力，还有一个复杂的实现过程，有一个知识形态的生产力到物质形态的生产力的转化过程。这个过程就是科学技术怎样在物质生产中获得应用的问题，即科学向技术的转化问题。广义地讲，它包括“科学革命—技术革命—产业革命—生产技术革新”阶段，以及“基础研究—应用研究—开发研究—社会生产”各个环节中的一切变化和转化。

第三节　从科学与技术的关系看世界知名科学中心的形成

一、意大利

最早的近代世界科学中心是意大利，这与意大利的资本主义生产方式的出现有很大关系。意大利是近代第一个世界工商业中心。

意大利贯穿东西、邻接南北的特殊地理位置在商业贸易中有得天独厚的优势。城市之间常态化的贸易关系也促进了东西方贸易的发展，为意大利的原始资本积累提供了有力保障。伴随着手工业与农业的逐步分离，社会分工发生变化。威尼斯和佛罗伦萨等城市开始出现雇佣关系，资本主义萌芽首先在意大利显露。逐渐地，意大利原有的封建等级依附关系被新兴的资本主义雇佣关系取代，资本主义的生产关系开始确立。随之而来的资本主义经济大发展，导致了资产阶级的产生。新兴的资产阶级为了维护自身的利益，不断扩充自身的财富。这一过程必然推动意大利社会经济的发展，为科学中心的发展提供必要的经济基础。①

13～14 世纪，威尼斯的对外贸易高度发达，催生了先进的商业组织和技术。

① 马浩原. 2016. 世界科学中心下的高等教育背景——以意大利为例. 潍坊工程职业学院学报，29（4），8-11.

在手工业上，除佛罗伦萨的印染技术和其他一些零散的工艺技术外，印花布、毯子、缎、薄纱织造，玻璃和精制糖生产等技术因东西方贸易而传入意大利。技术进步与市场扩大刺激了意大利工业的发展。为了保护和鼓励工业技术发明，1474年，威尼斯创立了第一部专利法。实际上，从 1096 年以来，意大利工业就有了很大发展，并产生了很多力学上的（纺织、钟表制造、磨坊）、化学上的（染色、冶金、酿酒）及物理学上的（眼镜）新产品，这些产品不但提供了大量可供观察的材料，而且提供了和已往完全不同的实验手段，并使新的工具制造成为可能。可以说，这时候真正系统的实验科学才成为可能。

扩大了的生产实践活动为科学的发展提供了广泛的课题。意大利工场手工业的发展和加工制造水平的提高，使科学家和发明家构思和设计的各种科学仪器的加工和制造成为可能。16 世纪以后，以伽利略·伽利雷（Galileo Galilei，1564—1642）为代表的一批科学家和发明家陆续设计和制造了望远镜、显微镜、温度计、摆钟和气压计等科学仪器，并逐渐应用于科学研究之中。科学仪器的发明和应用，极大地提高了科学研究人员进行科学观察和科学实验的能力和水平，扩展了科学研究的广度和深度，提高了观察和实验结果的可靠性，促进了自然科学理论的发展和自然科学学科的形成。[①]

从 14 世纪中叶开始的文艺复兴运动掀起了欧洲大陆思想解放的浪潮，终结了近千年的罗马教皇统治。这一时期的意大利，产生了像但丁·阿利基耶里（Dante Alighieri，1265—1321）和列奥纳多·迪·皮耶罗·达·芬奇（Leonardo di ser Piero da Vinci，1452—1519）这样的诗人和艺术家，以尼古拉·哥白尼（Nikolaj Kopernik，1473—1543）和伽利略为代表的杰出科学家，产生了《天体运行论》《星空信使》等一大批科学名著，以及天文望远镜等重要的科学发现及发明。这些科学与技术成果的诞生，极大地改变了人类对世界的认识，从此开创了实验科学的新时代，并使意大利成为近代科学发展过程中的第一个世界科学中心。[②]

由此可以看出，在意大利形成世界科学中心的过程中，技术中心形成在科学

---

① 王晓文. 2003. 世界科学中心的转移研究与我国科学发展状况分析. 天津大学硕士学位论文.

② 吕有勇. 2014. 世界科学中心转移轨迹的启迪：科技创新与人才团队培育问题浅析. 中国基础科学·综述评述，4：3-10.

中心之前，是典型的技术推动了科学。

15 世纪的意大利是“bottega”时代。“bottega”是指以画家的工作间/手工工场为核心的小公司，其人员包括画室的师傅和他的助手，接受绘画、雕塑、市政建设设计、指导施工等各种订单，甚至铸造金属器物。例如，达·芬奇做学徒的画室就曾接受铸造大型青铜地球仪的订单。在那个时代，迅速发展的经济对技术有巨大需求。10～14 世纪，意大利北部和中部的人口增加了两倍，闲置土地的开发需要大量的工匠和机械师指导参与排干沼泽、修筑运河和灌溉渠等。15 世纪中期，意大利成为欧洲工商业和金融业最发达的地区。佛罗伦萨约 1/3 的人口从事毛纺业，其银行和贸易网络遍布欧洲。印刷术传入欧洲后，威尼斯又成为欧洲的出版印刷业中心。整个意大利北部的航海、建筑、采矿、毛纺、军火和机具制造等产业都发展起来了，需要大量技术人员。意大利大学教育的发展和科学社团研究活动的进行，一方面培养、熏陶和造就锤炼了一大批本国的学者和科学家；另一方面，也培养和造就了欧洲各国的一大批学者和科学家，其中就包括世界著名的天文学家哥白尼和人体解剖学家安德烈·维萨里（Andreas Vesalias，1514—1564）。意大利因其教育发达和学术繁荣而被誉为“欧洲学校”。

社会需求促进了人才的培养，多面手应运而生。达·芬奇笔记中所包含的大量与当时工业、建筑、交通和运输相关的机械装置设计图，如吊车、绞车、齿轮传输装置、复杂的机床和水泵等就说明了此种情况。于是意大利便形成了一个特殊的工程师/艺术家群体。欧洲城市化进程起步，各城邦与正在形成中的国家因为相互竞争和随之而来的战争，都需要艺术家/工程师为之服务，用他们的艺术作品为所到地区增加荣耀和文化魅力，并以工程师的技能指导城防修固、军火制造和市政水利设施的修建。

实际上，自古罗马以来就有集建筑师、工匠和艺术家多种身份于一身的传统。恺撒时代的建筑师马尔库斯·维特鲁威·波利奥（Marais Vitravius Pollio）在他的书中就要求建筑师成为多面手。这种传统在经济高涨的文艺复兴时期更为突出。建筑师不仅需要设计制图，而且要亲手制造运送和提吊沉重建筑材料的机械等，玩齿轮和螺丝是常事。艺术与技术并不像现代这样相分离。在画室中，学徒工匠们从小就按这种全才模式培养，并以此为生。以佛罗伦萨科技界的领袖布鲁内勒斯基（Branelleschi，1377—1446）为例，他精通建筑、雕刻和绘画，设计了包括佛罗伦萨大教堂在内的意大利多座著名大教堂，并在数学、几何、冶金、工程、解剖、透视等方面都有深入研究。他设计制作了精美的钟表、起重机、齿轮、车床和运河闸门，在实践中创造了力学奇迹并奠定了现代建筑学及结构力学的基础。

以布鲁内勒斯基和达·芬奇为代表的“高级工匠”显然是一个与中世纪的工匠或建筑师不同的群体，他们理解自己的技艺活动的哲学意义和审美价值，并具有强烈的经验主义倾向，还热衷于理论创新。在许多方面，他们都同近现代科学家相似，或者说他们是近现代科学家的先驱，近现代科学家群体是以既能从事实验、制造和操纵技术装备，又能从理论（哲学）的角度分析、概括实验结果和技术问题为特征的。[①]

16 世纪，欧洲商路和贸易中心从地中海转到大西洋，从此意大利失去了国际贸易的地理优势，工商业随后被英国和尼德兰王国（今荷兰）击败，其资金也由工商业投资转向土地兼并。由于经济衰落、内忧外患、教会镇压与教育流于形式，意大利的科学逐渐走向衰落，进而摘掉了科学中心的桂冠。

二、英国

英国是技术中心形成在科学中心形成过程之中和之后，是技术与科学互动并由科学推动技术进步的典型。

英国是第二个工商业中心国家，也是最早完成资产阶级革命的国家。资本主义生产的发展将其推向了世界经济繁盛的顶峰。英国工业革命的完成使其在经济、科学领域空前繁盛。随着生产工具和动力系统的改进，纺织、采矿、冶金、造船、军工等工业部门和商业都获得了长足发展。英国是领先从封建社会转变为资本主义社会的国家。从 15 世纪起，英国资本主义商品经济就已起步。16 世纪又掀起了圈地运动而大力发展纺织工业，以后又进行殖民掠夺，在击败西班牙的

---

① 何平. 2011. 意大利文艺复兴艺术家与近代科学革命——以达·芬奇和布鲁内勒斯基为中心，历史研究，（1）：159-171.

无敌舰队后创建了海上霸权。与意大利在进入科学活动中心之前便退出欧洲经济中心的情况不同，英国即使在退出世界科学活动中心之后，仍然是全球经济活动中心，并且率先完成了工业革命。①

资产阶级革命之后，英国科学发展与工业生产活动更紧密地结合在一起。资本主义生产实践中不断提出需要解决的新问题促使科学不断发展，且社会生产力的提高，也为科学技术的发展提供了强大的物质手段，使科学技术的飞速发展成为可能。同时，资本主义的生产目的刺激了科学技术的发展。在资本主义社会，商品经济的最高目的就是追求剩余价值，获取高额利润。而能否获取剩余价值、获取多寡，取决于商品是否有竞争力。资本家要提高商品的竞争力，最重要的手段就是不断采用新的科学发明，不断以最新的技术来装备企业。②

在科学领域，弗朗西斯·培根（Francis Bacon，1561—1626）的科学思想使英国转变了科学观念，并进行科学领域的改革。弗朗西斯·培根指出了科学和技术知识的价值在于其是人们改造自然并从自然界获取物质生活资料的强大物质力量，倡导科学技术必须与工业发展相结合，肯定科学家、技术发明家的社会地位和社会作用，指出科学实验是人们获取新的科学知识的有效途径等，从而为英国科学技术的迅速发展奠定了科学思想和科学观念的基础。这一时期，英国还涌现出了以艾萨克·牛顿（Isaac Newton，1643—1727）、罗伯特·胡克（Robert Hooke，1635—1703）、埃德蒙·哈雷（Edmond Halley，1656—1742）、罗伯特·波义耳（Robert Boyle，1627—1691）、布拉德雷（Bradley，1846—1924）等为代表的一支科学家队伍。牛顿创立了物体运动三大定律及万有引力定律，展示了地面物体和天体的运动都遵循着相同的自然定律，掀起了第一次科学革命。科学上的成就必然成为技术革命的先导，瓦特在前人的基础上发明了高效完善的蒸汽机。蒸汽机技术和纺织机械技术的完美结合，促使英国第一次工业革命的产生，而这一革命真真切切地改变了整个生产和社会生活的面貌，从此机器大工业代替了

① 陈群. 2006. 近代法国科学中心的形成及其对世界科学发展的影响. 华中师范大学硕士学位论文.

② 张雁，严恺. 2003. 世界科学活动中心转移的历史初探. 世界科技研究与发展，25（2）：102-106.

工场手工业，开始了社会化大生产。科学实验的进行和科学技术的发展采用更准确、先进的研究手段和设备，如更准确、先进的天秤、温度计、压力计、望远镜和显微镜等，有力地促进了英国科学技术的迅速发展，从而在数学、天文学、力学、物理学等领域取得了一系列重大成果。①

工业革命导致英国在技术方面领先世界，经济也飞速发展。经济的腾飞促使政府开始重视技术和科学。17 世纪的英国，颁布了完整的专利制度。瓦特对蒸汽机的改进就申请了专利。专利制度的完善使发明和创新成为一种新的职业。工业革命蓬勃发展，对技术的要求越来越高。技术的提高又促进了生产效率的提高。英国皇家学会接纳了大量的科学家，专门进行理论研究和解决技术问题。

第一次工业革命、第二次工业革命都发生在英国，这可以证明英国率先在科学技术上取得了较大的成就，而要想成为世界科学中心必然要有强大的生产力、足够的经济实力及相当有分量的科技人才。17～18 世纪，英国这个“日不落帝国”无疑在欧洲处于“首屈一指”的地位，也理所当然地成为第二个世界科学中心。

三、法国

法国是技术中心的形成发生在科学中心形成之前，是技术进步推动了科学的发展。

随着法国资产阶级革命的成功，尤其是法国大革命以其政治上的彻底性极大地促进了法国社会的民主化，这使法国科学一度空前繁荣，逐渐取代英国而成为新的科学中心。

随着农业的进步，手工业逐渐从农业中分离，手工业分工越来越精细，手工工场日益增多，一些城市成了工业中心，马赛的造船业、里昂的丝绸业、巴黎的印刷业享誉国内外。纺织、丝绸、金属加工等手工工场以分散为主，但某些生产部门，如采矿、冶金、造纸、印刷、造船等则采取集中的形式。15 世纪 70 年代，第一批印刷厂出现在法国，到 15 世纪末，印刷厂的数量激增。16 世纪初，巴黎

① 王树恩，燕斌，杨燕. 2004. 世界科学中心形成的一般模式与我国的对策.科学管理研究. 22（3）：46-48.

和里昂已经有了规模较大的印刷厂，拥有构造复杂的设备和大批具有不同生产技能的工人，出版物不但畅销国内，而且远销国外。从 16 世纪起，法国资本主义也得到了比较大的发展，在呢绒、丝绸、印刷、玻璃等行业开始形成资本主义手工工场，对外贸易也不断扩大与加强。18 世纪，法国虽然在经济上还不能超过英国，但却是唯一能够与英国竞争的国家。这个时期，法国也处于经济活跃期，采矿业、冶金业、奢侈品工业、纺织业较发达。受意大利和英国经济浪潮的冲击，法国由英国引进先进的生产技术，开办技工学校，普及科学技术知识，这些都为法国在 18 世纪末一跃而成为世界科学中心提供了必要的条件。

文艺复兴不仅是一次思想启蒙运动，也是资产阶级思想和“文化革命”的序曲，奠定了近代欧洲精神的基础。自 15 世纪中叶起，文艺复兴便“越出”意大利“走向”北欧地区，并在 16 世纪扩大到法国、西班牙和英国，随后又向东欧地区蔓延。18 世纪法国的启蒙运动也是世界范围内的一次思想启蒙运动，其中两个最重大的事件是法国《百科全书》[①]的出版和国家综合工业学院的建立。18 世纪的思想启蒙运动中的唯物主义学派倡导唯物主义、倡导科学，高度重视科学，而且提倡在基础教育里普及科学教育，对当时法国科学技术的发展产生了深远的影响，为法国在 18 世纪末到 19 世纪初成为世界科学中心铺平了道路。

法国近代的科学技术是在 16～17 世纪近代欧洲科学革命的基础上产生和发展起来的。受英国工业革命的影响，法国从英国引进了大量的技术。由于缺乏技工人才，法国政府建立了著名的巴黎技工学校，邀请很多科学家从事教学，不仅培养了技工人才，也解决了当时的技术问题。生产效率的提高、国家对科学技术研究的重视，使当时的法国从事科学研究的人数剧增，尤其集中在巴黎中心地段。自由和民主的新气息，对新科学技术的热情和仰慕，吸引着欧洲的学者及科学爱好者来法国定居、学习、讲学。法国革命政府的政策也有利于科学技术的发展，加上拿破仑·波拿巴（Napoléon Bonaparte，1769—1821）对科学事业的“推波助澜”，使法国的科学在 1770～1830 年空前繁荣，超过了当时的英国而位列世界第一。拿破仑进行了多方面的改革，第一个科学成果即在大革命期间建立度量衡制

---

① 全称《伟大的百科全书—— 科学、文字及艺术的系统库存》。

度，采用十进制。同时在革命初期，科学家受到了高度重视，乔凡尼·卡西尼（Giovanni Domenico Cassini，1625—1712），安托万-洛朗·拉瓦锡（Antoine-Laurent de Lavoisier，1743—1794），让·西尔万·巴伊（1736—1793）被选为国民议会议员，拉瓦锡担任计量改革委员会主席。1793 年，革命政府废除了天主教会制定的格里高利历，颁行革命历法。数学家加斯帕尔·蒙日（Gaspard Monge，1746—1818）被任命为海军部长，负责制造军火；数学家拉扎尔·尼古拉·玛格丽特·卡诺（Lazare Nicolas Marguerite Carnot，1753—1823）是著名的热力学家尼古拉·莱昂纳尔·萨迪·卡诺（Nicolas Léonard Sadi Carnot）的父亲，担任陆军部长；化学家富克鲁瓦（Antoine-Francois de Fourcroy，1755—1809）担任火药制造局局长。科学家普遍参与政治，不仅对科学传播起到重要作用，也说明科学技术在 18 世纪的法国开始受到充分的重视，同时巴黎大学里的基础研究与实际应用联系在一起，开创近代教育的先河。法国大革命结束后，政府充分意识到科学和教育的重要性，为解决科学传播老师缺乏问题，于 1794 年创办了高等师范学校，优先为国家培养教师队伍。诸多著名的科学家和学者，纷纷前往承担教学任务。1795 年，法国创办了著名的综合工科学校，是培养技术专家和工程师的摇篮，注重基础研究和应用研究的相互联系和发展，为 19 世纪上半叶的法国培养了一大批优秀的科学人才。

可以说，18 世纪后半叶到 19 世纪前半叶，是法国科学的辉煌时代。在以法国大革命（1789～1794 年）和拿破仑时代（1804～1814 年）为中心的数十年间，法国科学达到鼎盛，在科学和思想方面居于世界首位，在技术方面居于世界第二位（仅次于英国）。这一时期，法国在天文学、地理学、生物学、数学、物理学、化学等各个领域取得了重大突破，其自然科学的基本框架建立起来了。这期间涌现出很多著名的科学人士，如数学家蒙日、约瑟夫·拉格朗日（Joseph-Louis Lagrange，1736—1813）、拉普拉斯（Laplace，1749—1827）、奥古斯·J. 路易斯·柯西（Augustin Louis Cauchy，1789—1857），物理学家查尔斯·奥古斯丁·库仑（Charles-Augustin de Coulomb，1736—1806）、让·勒朗·达朗贝尔（Jean le Rond d’Alembert），化学家拉瓦锡和盖-吕萨克（Joseph Louis Gay-Lussac，

1778—1850），生物学家乔治·居维叶（Georges Cuvier，1769—1823）、布丰（Georges-Louis Leclerc，1707—1788）和让·巴蒂斯特·拉马克（Jean-Baptiste Lamarck，1744—1829）等。这时期的法国巴黎成为当时世界科学活动的中心。

四、德国

德国发生了两次技术革命：第一次是先形成技术中心，技术推动科学；第二次是技术中心与科学中心同步形成，科学与技术互动发展。

公元9～10世纪，德国确立封建制度，商业开始发展。依靠航运贸易，莱茵河、多瑙河、易北河岸兴起了众多城市。11～13世纪，德国封建制度巩固，技术不断进步，经济持续发展，此时技术发展集中于城市，手工业分工越来越细，其中著名的工业有博登湖地区的亚麻布业，佛兰德尔的织布业，哈勒、吕内堡、萨尔茨堡的盐业。15世纪末，德国经济发展显著，某些工业部门的手工工场内出现了资本主义生产关系。

16世纪初的德国，社会经济有了长足发展，资本主义生产方式开始萌芽。在工业方面，冶炼、造纸、印刷、纺织、军火等行业都相当发达，白银开采位于全欧之冠。就组织形式而言，除大量分散型手工工场外，集中型资本主义手工工场也较为普遍。德国地处西北欧，是西欧与东方的国际贸易中间地带，以中介性贸易为特征的商业十分繁荣。从总体上看，其行会手工业与中介商业的发展水平已超过意大利、英国和法国。1871年普法战争后，德国的资产阶级革命最终完成。德国工业化战略采取的是特殊的刺激模式，政府对工商业实行保护政策，促进工商业发展，使德国迅速成为欧洲第一工业强国。18世纪，德国的工农业发展得益于生产中的技术推广与政府对工业的继续扶持。工业的迅猛发展，不仅对劳动者的素质提出了要求，技术进步也向科学理论提出新的研究课题，科学与技术的联系日益紧密。与英国类似，德国资本主义手工工场主要分布在农村，大量引进国外先进技术，包括蒸汽机（英国）、羊毛梳理机（英国）、脚踏织机（英国）、纺车（荷兰）等。撒克逊人于1784年开办了炼取焦煤的冶炼工场，1785年引进珍妮纺织机建立了德国第一家纺织厂。1788年，塔诺维茨的矿工厂中使用蒸汽机。这些动力机与工具机的使用大大提高了劳动生产率，促进了资本主义工业的发展。

德国科学中心的形成得益于科学—技术—生产的体制化。19 世纪中叶，科学、技术和生产出现重大变化，科学的发展超过了技术和生产的发展。为了赶超其他国家，德国采取了以国家为主导的经济模式，工业得到了迅猛的发展。在强大集中的产业需求刺激下，在国家统一意志的推动下，德国科学爆发式发展。三大新技术（电力技术、化工技术、钢铁技术）在科学的推动下迅速进入工业生产领域。德国以这三大关键产业为核心迅速走上独立发展道路，并且在世界上占据绝对优势。德国人擅长理论思维，在这一时期，德国不仅在基础理论研究领域硕果累累，而且迅速地适应了科学技术和生产发展的新特点，在应用科学上也取得了成功。一旦基础理论研究出现新的理论，德国就努力把它转变为新的技术，而新的技术又迅速发展成为新兴产业。

1866 年，德国发明家、工程师维尔纳 · 冯 · 西门子（Ernst Werner von Siemens，1816—1892）制成了自激式直流发电机。有人认为，西门子的发电机在技术史上的地位相当于瓦特的蒸汽机，具有划时代的意义。1879 年，西门子发明的电车在柏林展览会上展出后，很快在各国推广使用。1881 年，德国在柏林与利希滕费尔斯之间建成世界上第一条电气铁路，开始把电力技术应用到交通运输事业，同时电力技术也扩展到各个部门。1833 年，科学家卡尔 · 弗里德里希 · 高斯（Johann Carl Friedrich Gauss，1777—1855）和马克思 · 韦伯（Max Weber，1864—1920）发明了电报，1847 年西门子从事电讯机和电讯设备生产，并建立了西门子公司。这些电力技术的发展应用使德国引领了第二次电力技术革命。

德国有机化学家在科学理论上的一系列突破，奠定了有机化学工业的技术基础。1830～1860 年，德国建立了有机化学科学体系，在基础理论研究上占据绝对优势，形成了尤斯图腾 · 冯 · 李比希（Justus von Liebig，1803—1873）—弗里德里希 · 维勒（Friedmch Wöhler，1800—1882）、凯库勒（Friedrich A Kekule，1829—1896）—奥古斯特 · 威廉 · 冯 · 霍夫曼（August Wilhelm von Hofman，1818—1892）的有机化学队伍。1866 年，阿道夫 · 冯 · 拜耳（Johann Friedrich Wilhelm Adolf von

Baeyer，1835—1917）和他的两个学生格拉伯（J. R. Glauber，1841—1927）和李伯曼（Carl Liebermann，1842—1914），运用分子结构概念证明茜素是煤焦油的一个普通成分蒽的衍生物，很快他们就与巴登苯胺纯碱公司进行合作，1869 年实现了人造茜素的工业化生产。1880 年，拜耳又提出了靛蓝的分子结构，德国几十家化学公司立即为研制人造靛蓝展开竞争，最后巴登苯胺纯碱公司不惜花费大量资金，用了十七年的时间试制成功，从而垄断这种染料生产达几十年。1858 年，霍夫曼研制成功叫作“碱性品红”的红色染料。1860 年，霍夫曼用苯胺与碱性品红盐酸盐共热得到苯胺蓝。天然染料的人工合成并投入工业化生产，使德国垄断了世界染料市场。“德国化学之父”李比希为了解决德国农业粮食减产的问题，发明了氮肥，农业化肥从此诞生。1840 年，李比希把他的实验成果写进其著作《有机化学在农业及生理学上的应用》。他强调无机肥料，明确人造化肥对发展农业的重要性。此后不久，化学肥料工业兴起，1855 年德国建立了化肥厂。李比希的农业化学理论很适合大农业生产的需要，使欧洲向大农业生产方式转移，促进了农业生产力的提高。到 19 世纪后半叶，德国从煤焦油中提炼出大量的芳香族化合物，并以这些为原料合成了染料、药品、香料、炸药等多种工业用品，形成了以煤焦油为原料的有机合成工业。

1856 年，德国弗里德里希·西门子发明了平炉炼钢法，并成立钢铁公司进行大量生产。1879 年，英国化学家托马斯（Thomas，Sir Sidney Gilchrist，1850—1885）发明了一种新的方法，可以解决铁矿除磷的问题，可以使含磷的铁矿石炼出优质钢。可是，这一新炼钢法在英国并没有很快得到推广应用，而德国则将这种炼钢法迅速应用到生产中去，使它的钢铁工业迅速发展起来。奥托（Nikolaus August Otto，1832—1891）利用法国人的理论，研制成功了第一台四冲程内燃机，并且组织了世界上第一家专门生产内燃机的企业——“尼奥奥托公司”。1883 年戴姆勒（Daimler，1834—1900）制成了使用汽油的内燃机，1897 年狄塞耳（Rudolf Diesel，1858—1913）研制成功柴油机。首先将发动机用在汽车工业上的是德国人戴姆勒，但是从总体上考虑设计汽车的是德国著名的汽车专家卡尔·弗里特立奇·本茨（Karl Friedrich Benz，1844—1929），他设计了双冲程发动机汽车，并解决了电火花点火问题。1879 年，本茨申请了专利，并建立了“本茨公司莱茵燃气发动机厂”。

由于德国人能够把科学技术和生产紧密结合起来，科学技术成为生产发展的有力杠杆。反过来生产的发展又给科学技术研究注入了不竭的动力。两者相互支持，相互促进，都得到稳定高速发展。在德国，霍夫曼、狄塞耳等人既是科学家又是工程师；戴姆勒、本茨等人既是工程师又是企业家。西门子更是集科学家、工程师和企业家等身份于一身。他们作为科学家，能精通和发展有关理论；作为工程师，能把理论付诸实践，发明新工艺、新产品；作为企业家，有才能组织生产、获取利润。而且德国较早地建立了科学组织，1821 年普鲁士政府建立了工艺研究所，传授工业生产的新工艺和鼓励实验。1822 年由奥肯（Oken，1779—1851）倡议，德国建立了自然科学家和医生协会。1840 年普鲁士成立了农事协会，传播农业知识和技术。19 世纪 70 年代，德国开始进入了有计划、有组织地建立科学研究所的时期：1873 年建立了“国立物理研究所”，1877 年建立了“国立化工研究所”，1879 年，建立了“国立机械研究所”。德国的科学—技术—生产的体制化，极大地推动了德国经济的发展，在 20 世纪初成为仅次于美国的世界第二工业强国。[①]

五、美国

美国技术中心的形成比其科学中心提前了50 年，先是技术发展推动了科学的进步，后来又是科学发展推动着技术进步，科学与技术互动发展。

19 世纪，世界科学发展突飞猛进。1866 年，第一台自激式发电机问世，这一电机的问世使电流强度大大增强，19 世纪 70 年代，欧洲开始进入电力时代，开始了以电力应用为标志的近代第二次技术革命。自此，科学走到技术的前面，出现了“科学—技术—生产”模式，科学与技术的联系越来越紧密。19 世纪 80 年代，欧洲还建成了中心发电站，并解决了远距离输电问题，是继蒸汽机之后科学技术领域又一新的伟大成就。电磁学的发展为这次科技革命提供了重要的理论

① 金志成. 2007. 德国科学中心形成的若干历史经验的思考，华中师范大学硕士学位论文.

准备。由于自然科学的新发现被迅速应用于生产，第二次工业革命在欧美国家蓬勃兴起。19 世纪的最后 20 年，美国迅速超过英国成为世界科学第二大国。自 19 世纪末 20 世纪初开始，美国在经济文化等各方面取得了举世瞩目的成就，于 1920 年取代德国成为世界科学中心至今。

1783 年，美国取得独立战争的胜利，建立了资产阶级共和国。自此，美国的资本主义迅速发展。移民利用从欧洲带来的技术催生了美国的第一次产业革命，使机器生产代替了手工生产。

1790 年，美国“制造业工业革命的奠基者”塞缪尔·斯莱特（Samuel Slater，1768—1835）根据记忆仿制了英国的新式纺纱机，并投入生产，直接提高了纺织业的生产效率。随着技术的进步和市场竞争的发展，集中生产在棉纺织业中出现并获得成功。无烟煤、焦煤炼铁和热鼓风方法提高了炼铁的产量。1791 年，瀑布的水力资源被开发，水力技术不断提高。19 世纪初，在纽科门（Newcomen，1663—1729）和瓦特的蒸汽机的基础上，奥利弗·埃文斯（Oliver Evans，1755—1819）发明了高压蒸汽机，蒸汽机的应用改变了美国工业的动力结构。同时，美国政府对工业实行关税保护政策，扶持新兴工业发展。1790 年通过专利法，1836 年建立专利局，这鼓励了发明创造。1860 年，机械制造工业的兴起标志着产业革命的完成。据统计，1840 年，美国的工业产值占世界工业总产值的 7%，1850 年占 12%，1860 年占 15%并升至第四位。

19 世纪下半叶，以电器应用为标志的第二次产业革命首先在德国和美国开始。英国对本国技术人员的控制和技术输出的限制，迫使美国进行自主创新，以托马斯·阿尔瓦·爱迪生（Thomas Alva Edison，1847—1931）为代表的美国发明家推陈出新，走过了从移植欧洲技术到建立本国技术体系的时代，众多技术成果在工业中普及并使美国成为这次工业革命的中心。例如，电灯的民用化需要发电站和电动机，输电、配电、直流变交流、高压变低压等一系列技术与设备的发明与革新成为必需。同时，油田的发现，使欧洲特别是德国的内燃机技术在美国得到普遍应用，进而促进了钢铁工业、机器制造业、交通运输业的全面发展。在这次革命中，电力工业、石化工业、通信工业和汽车制造业等是主要的新兴产业，它们逐渐成为工业经济中的主体。科学技术的推广应用给人们的生产与生活带来了根本变革，技术成了企业竞争力的决定因素，经过不断的集中与兼并，垄断组织出现，并逐渐统治国民经济。1884 年，工业占工农业净产值中的比重为 53.4%，美国成为工业国。1890 年，美国工业总产值超过英国、法国、德国，居世界第一位。1900 年，美国人均收入超过欧洲各国，第二次工业革命使美国从一个发展中国家跨入了发达资本主义国家行列。

在农业技术发展方面，1793 年，伊莱·惠特尼（Eli Whitney，1765—1825）创制了快速清除棉籽的轧棉机。轧棉机的应用推动了棉花生产。1837 年，约翰·迪尔（John Deere，1804—1886）研制出铁犁。塞勒斯·麦考密克（Cyrus Hall McCormick，1809—1884）发明了收割机后，打谷机、脱粒机、小麦播种机、玉米播种机等机械相继出现。随着农机的研发，机器的普遍应用提高了农业生产效率，增加了农产品产量，刺激了耕地面积的扩张，专业化生产基地逐渐形成。随着交通的改善，西部成为美国重要的粮食和畜牧基地。与第二次工业革命同步，农业中第一次技术革命不断深入，农民使用生产出的风车，借用风力从井中吸水；新式冷硬铸铁犁和光面犁壁可以翻耕硬土；旱地栽培技术、割草机、磨石机、收割机等逐步推广，再加上西部的大平原地形适合机械化耕作，新农场、新方法和机械化耕作的协调统一共同促进了农业的发展。1900 年，美国成为世界上最大的小麦供应国。

此外，美国没有受到长期的战争破坏，其经济反而得益于两次世界大战而有较大发展，这为美国发展与科技进步提供了强大的经济后盾。自建国以来，美国各届政府始终重视科学的发展，采取多元化的科研组织结构，政府、大学、企业等研究机构各自承担不同的科学研究任务。随着大学教学与科研活动的发展，某些技术公司逐渐向设有相关研究学科并取得科研成果的大学靠拢，并出资在大学附近兴建工业企业，形成“科技园”。在这里，科技合作和交流活跃，促进了基础研究、应用研究与发展研究的结合。集中了哈佛大学、麻省理工学院等 50 多所大学，拥有 1200 家企业和 25 万名科技人员的以生物和信息技术为主导的高技术产业开发区，每年创造的财富占波士顿总收入的 3/4；以“斯坦福大学工业区”

为基础发展起来的硅谷是美国规模最大的高技术工业中心，半导体和电子计算机的主要产地。高技术企业、产业、人员及信息高度密集于此。

美国依靠开放性人才政策、良好的科研环境、完美的实验设备和优厚的物质待遇吸引着世界各国的优秀人才。1820～1859 年，105 万名技术工人和 4 万多名专业人才移居美国。许多世界一流的科学家［如恩利克·费米（Enrico Fermi，1901—1954）、约翰·冯·诺伊曼（John von Neumann，1903—1957）等］先后移居美国。很多科学家完成科研项目后，被聘到大学任教，开始为美国培养科技人才，使美国基础科学的研究阵容空前强大。第二次世界大战即将结束时，美国政府派出数千名随军专家前往德国网罗人才，并动用 100 多架飞机紧急接送到美国，其中有 120 多名火箭专家。费米主持完成了机密的“曼哈顿计划”；在“阿波罗登月计划”中，为阿波罗太空火箭工作的高级工程师有 1/3 是中国人。1901～1979 年，获得诺贝尔奖的 118 名美国科学家中，有 43 名来自国外。

美国大学林立，无论是在数量上还是规模上发展速度都很快，并向工农生产与学术研究两个方面发展，大学教育的改革日新月异。例如，1861 年创办的麻省理工学院倡导教学与科研相结合；1876 年建立的约翰·霍普金斯大学，设立研究生院，成为现代研究型大学的开创者，并培养了众多诺贝尔奖获得者。美国大学不断为科学发展培养人才并直接创造出科学成果，成为进行科研活动的重要基地。

20 世纪至今，美国之所以成为世界科学中心，原因如下：①美国是移民国家，不但继承了欧洲国家的科学与政治等内容，而且具有开拓的传统。②科学发展受战争破坏少。③政府重视科学，实施了有利于科学发展的科技政策和人才政策，创办了科学研究专业机构和大学。

科学、技术与经济结合日益紧密，为科学发展提供了不竭的动力。1860 年，美国成为世界技术中心，1870 年经济开始繁荣，1920 年至今成为世界科学中心，美国的发展模式是技术→经济→科学。科学得到发展之后，作为第一生产力，又与技术和经济密切结合，促进技术进步与经济持续稳定的繁荣。

第四节　世界知名科学中心形成模式总结

从上述五大科学中心的形成模式可以看出，近现代以来，世界科学中心的几次转移绝非历史的偶然，它是科学内部发展因素与外部环境相互协调作用的结果。

一、科学、技术与经济互动模式

科学（S）、技术（T）与经济（E）之间是两两互动的关系，对于 S、T、E 进行排列可以得出 6（$P_3^2=3\times2$）种模式。A：E→T→S；B：S→T→E；C：T→S→E；D：T→E→S；E：S→E→T；F：E→S→T 共 6 种模式。在前五种模式中，存在明显的传承关系。意大利是近代以来的第一个世界科学中心，它的科学因经济与技术改进而起，并导致了以天文学和医学为首的科学革命，科学革命震撼了整个西欧，掀起了英国、法国等国的科学文化高潮。英国、法国两国继续这次科学革命，但以英国的科学成就最为突出，它将科学理论应用到生产实践中引起技术革命。技术革命改变了世界工场的生产方式、生产效率与生产力结构，影响波及法国和德国，使法国的发展模式从技术改进开始。法国大革命促使德国人进行思想反思，促进了科学的发展。美国的发展最初主要是移植英国的。后因殖民开拓与建国初最急需物质生产，美国逐渐形成了自己的模式（图 1-1）。

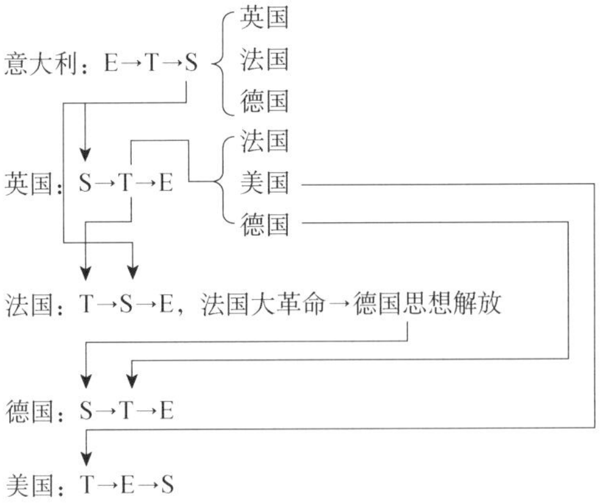

图 1-1　STE 不同模式的传承关系

资料来源：王晓文. 2003. 世界科学中心的转移研究与我国科学发展状况分析. 天津大学硕士学位论文

二、科学、技术与经济三者之间的互动过程

（一）科学→技术

科学知识向技术成果的转化主要通过两种途径。①通过教育手段来改善劳动者的知识结构，开发智力，将普通的机械工作者转变成勤于思考问题的发现者、富有创造力的技术改良与开发人员。②科学理论逐渐发展成应用研究，开始生产样机模型，并通过中间试验阶段开发完善生产设备与工艺，试验成功的技术最终在生产中得到推广应用。

（二）技术→科学

技术对科学的作用主要表现在四个方面。①先进的技术为科学提供更加精细的实验材料和更精良的实验设备。实验设备延伸了科学工作者的感官与大脑的功能，提高了科学研究的准确度与科学生产的效率。②技术在生产中推广并物化到产品中，技术不但提高了劳动效率，改变了世界的面貌，而且增进了人类的福利，使更多的人摆脱体力劳动进行科研活动。③技术是科学理论在生产中的应用，它在广度与深度上的发展可以作为检验科学理论的依据和标准，为新理论的产生提供材料和数据。④技术进步对生产者的科学素质提出更高的要求，有利于科学普及，技术人员在实践的基础上得到科学理论的提升，可能成为科学家的后备军。

（三）科学—技术→经济

作为第一生产力，科学与技术结合日益紧密，并且通过纵横两个方向实现向生产力的转化（图 1-2）。

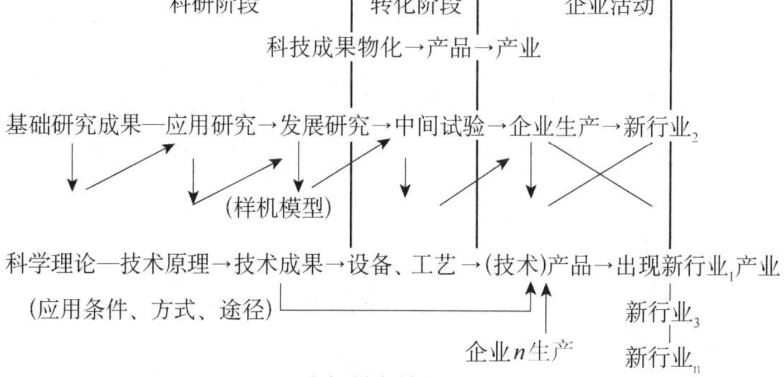

(a) 纵向转化途径

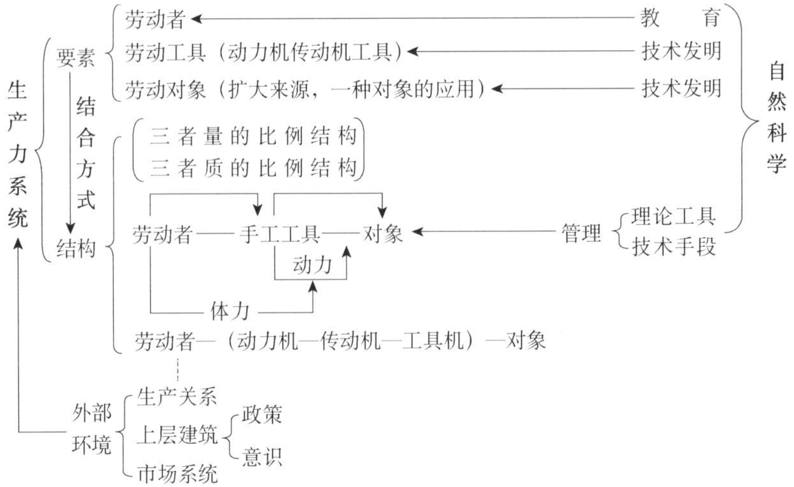

（b）横向转化途径

图 1-2 "科学—技术"⇔生产力系统

资料来源：王晓文. 2003. 世界科学中心的转移研究与我国科学发展状况分析. 天津大学硕士学位论文

（四）经济→技术

经济繁荣可以促进技术进步。①经济发展可以扩大技术主体的队伍和激发技术人员主观能动性的发挥。一方面，经济的增长可以使更多的人从事技术研发，壮大技术创新的队伍。良好的经济待遇可以吸引国外技术人员向本国流动。另一方面，经济增长可以改善已有技术人员的福利和环境，提高工作效率。②充足资金会促进工业规模的扩大。工业是促进技术进步的最重要场所，是近现代以来 4 次技术革命的基地。工业规模的扩大会促进技术的改进与发展。③雄厚的经济实力一方面可以为技术研发提供充足的投入。例如，日本在技术研发方面的投入显著，特别是企业的研发投入持续增加，专利数量不断增加。日本公司在美国获得专利较多的公司中名列榜首。另一方面，充足的外汇可以增加技术贸易，引进更多技术，在经过消化、创新之后，提高本国的技术水平，最终实现技术出口的增长。

（五）经济→科学

经济可以促进科学的发展。①经济发展可以培育、吸引、供养更多的科学家，提高科学家的工作效率。②可以增加研发（R&D）投入，为科学研究提供更多的资金，改善科学家的工作环境，购买更多更精良的实验设备和材料等。③以技术为媒介，经济直接促进技术改善，技术再作用于科学，最终实现科学的发展。

第五节　从科学与技术的关系看北京全国科技创新中心建设

从以上世界知名科学中心形成模式中科学与技术关系的分析可知，历史上科学中心的形成、一个国家经济的发展是以先进的科学技术为先导的，在已有科技成果的基础上发展经济，当经济发展到一定阶段时，自身科技的发展再形成自己特有的、垄断的技术领域，再推动经济进一步发展。科学和技术发展到现阶段，两者的关系已不是简单的科学是科学、技术是技术的阶段，而是科学中有技术、技术中有科学，且科学和技术转化为应用的周期越来越短。因此，北京在全国科技创新中心建设过程中，要注意这种科学与技术关系的变化。

一、重视科学技术发展中的原始创新

北京乃至我国最缺乏的就是原始创新，北京要成为科学中心也必须要有自己原始创新的东西。未来科学发展主要还是取决于基础领域的理论研究，一个理论的重大突破，就可能带来某一领域或新兴产业大的发展。原始创新与基础研究存在密切关系，对基础研究的重视与投入是重大原始创新的保障。以美国的经验来看，美国政府对基础研究进行长期、稳定的支持是维持美国科技经济竞争力的根本。从基础研究体系构成主体看，美国基础研究机构由大学、联邦实验室、产业及非营利性机构组成。其中，大学和联邦实验室是美国基础研究最重要的组成部分，也是获得联邦政府资助最多的机构。虽然美国大学和联邦实验室在基础研究中扮演着非常重要的角色，但同时美国产业界从事基础研究的力量仍然不可忽

视，在过去 50 多年的时间里，美国产业界基础研究占研发的比重，平均约为 6%，比我国整个国家相应比重还高。产业界从事基础研究对产业共性技术发展和某些领域的原始创新起非常大的作用。近年来，我国政府逐渐加大对基础研究的投入，2016 年我国基础研究经费为 822.9 亿元，比上年增长 14.9%，占整体研发经费投入的比重达到 5.2%，为近 10 年来的最高水平。尽管我国基础研究经费实现两年连增，但与发达国家 15%～25%的占比水平相比，仍处于较低水平，特别是产业界对基础研究的投入差距很大，核心技术受制于人的局面还未从根本上得到扭转。从这点看，北京科技创新中心建设任重道远。

二、重视科学技术人才的聚集

从历史上世界科学中心的形成看，大科学家的聚集是必需的。还以美国为例。第二次世界大战以前，美国虽然已经成为工业发展强国，但科学研究的水平还落后于英国、法国、德国等欧洲国家，只是在引进、吸收、应用外国的科技成果方面做得比较好。第二次世界大战期间，大批科技人才为躲避战乱逃离欧洲流入美国；德国战败后，美国军队又把 2000 多名德国科学家迅速转移到美国。大量优秀科技人才的涌入，为美国科学技术的腾飞准备了条件。第二次世界大战后至今，美国一直占据着世界科技发展中心和强国的位置，这与外来科学家的巨大贡献密切相关。半个多世纪以来，近一半的诺贝尔科学奖获得者是美籍科学家。因此，聚集一批高水平的科技人才是北京建设全国科技创新中心的重中之重。

三、重视科学技术成果的转化应用

历史上，世界科学中心的形成都大大促进了经济的发展和社会的繁荣。以美国为例，美国之所以成为当今世界科技发达国家、第一经济大国，与其科学技术与生产的紧密结合分不开。重视科学研究和技术发明，重视科技成果的产业化和商业化，一直是美国的基本国策。坚持科技与生产的紧密结合，坚持科技必须为经济社会发展服务，是美国制定国策的思想基础。科学技术推动了美国的工业发展，而工业的发展又为科技成果的广泛应用拓展了更大的空间，形成了科技与生产相互促进的良性循环。科技与生产紧密结合，为经济社会发展服务，科技成果转化是重要环节。为促进科技成果实现产业化和加快技术转移、推广、应用，美国采取了一系列政策措施，如一些法律法规和基本政策等。因此，科技成果的转化应用是北京建设全国科技创新中心的最终目的。

第二章

世界科学中心的形成与发展
——基于人类社会发展史的视角

第一节　社会的概念鉴定

“社”的本意是土地神，引申为祭祀—集会—团体；“会”本意为集会，引申为团体——用来聚集的地区；社会组合在一起就是“在一个地方所聚集成的一个团体”，英文叫“society”。作为一个固定词汇，专家研究认为其出自日语，我国近代学者严复曾译为“群”。当时正值洋务运动，大量学者通过转译日文翻译著作来学习西方，而双音节词又比单音节词更为适合当时的汉语口语，故而并不太严谨的“社会”一词反而击败了更为准确的“群”，牢牢地扎根于汉语中，流传至今。

社会是人类相互有机联系、互利合作形成的群体，是按照一定的行为规范、经济关系和社会制度而结成的有机总体。一个家庭、一个公司、一个社团、一个城市、一个国家都可以称为社会系统。狭义的社会，指群体人类活动和聚居的范围，如聚居点、村、镇、城市等。广义的社会，则指一个国家、一个大范围地区或一个文化圈，如英国社会、东方社会、东南亚或西方世界等，也可以引申为其文化、制度和习俗等。《汉语大词典》解释为：①由人所形成的集合体，如社会分工、社会风气。②某一阶级或某些范围的人所形成的集合体。其组合分子具有一定关系，依此关系、彼此合作以达到一定的目的。马克思认为“社会是人们通过交往形成的社会关系的总和，是人类生活的共同体”。英国著名社会学家安东尼·吉登斯（Anthony Giddens，1938—　）认为“社会是指生活在特定边界内，分享着共同的文化特征，如语言、价值观及基本的行为规范的一群人，也包括制度，如政府、教育及家庭的特定类型，还有他们之间的相对稳定关系”。社会的本质是人和组织形式。人，确定了社会的规模和活动的状态；组织形式，决定了社会的性质及生产关系。

以人类社会为研究对象的学科叫作社会学。社会学是对人类生活、社会群体、整体社会，以及诸如此类的人类世界的科学研究。

卡尔·马克思（Karl Heinrich Marx，1818—1883）以物质生产方式为依据提出：“亚细亚的、古代的、封建的和现代资产阶级的生产方式，可以看作是社会经济形态演进的几个时代。”（《马克思恩格斯选集》第 2 卷）他还预见共产主义社会的出现。后来马克思主义者将社会基本形态概括为五种：原始社会、奴隶社会、封建社会、资本主义社会、共产主义社会（社会主义为其初级阶段）。

美国社会学家格尔哈特·伦斯基（Gerhard E. Lenski，1924—2015），结合科技、信息交流和经济等几个方面把社会分为捕猎社会、低级农业社会、高级农业社会、工业社会。

以上分类方法，主要是以生产力为标准进行的，我们可以归纳为狩猎或游牧社会、农业社会、工业社会，以及智能社会等；以生产关系为标准，社会又可分为原始社会、奴隶社会、封建社会、资本主义社会、共产主义社会；以政治体制为标准，则可分为专制社会、民主社会和公民社会等。由于科学属于生产力范畴，要想理清科学与社会的关系，只有将其还原到社会的子系统，同时按照生产力的标准，才会更加合理与准确。

第二节　科学与社会的关系

一、捕猎社会

在人类社会的早期阶段，只有经验的自然的认识，而没有现代意义上的理论自然科学。原始捕猎社会的生活十分艰苦，活动范围极其有限，人类同自然界的最初接触也只是与自身存在有直接关系的食物和用来简单加工而制成其他产品的原生材料。在此阶段，逻辑和科学思想不仅是不可能的而且是毫无用处的。在同自然界不断的斗争中，人类形成了最初的文明意识并开始积累关于自然界的知识，这些萌芽的知识是非常粗浅和零散的，且那时还没有文字可进行记录，不可能形成独立的科学。但技术却与人类社会相伴始终。有意识地去利用自然物并对其进行加工和改造，从而成为人类所特有的社会活动。美国技术史专家乔治巴萨拉（George Basalla，1928—　）认为：技术与人类同样古老。在科学家开始着手积累可以用来改造和控制自然的知识之前，技术已出现很久了。技术活动从来就是人类的社会活动，任何具体的技术活动都有着明确的社会目的，并且同其他社会活动相联系，最后又总要产生一定的社会后果，捕猎采集时代的基本生存技术与当时的社会也有着同样的关系。

正如詹姆斯·E.麦克莱伦第三（1946— ）等在《世界史上的科学技术》所提到的那样：制造和使用工具，以及技术的文化传承，乃是人类生存模式的要素，而且为一切人类社会所实践。我们有理由认为捕猎采集时代的技术与当时的社会之间也有着自己独特的关系。首先，这一时期的技术主要是生存技术，受社会有意识的作用的程度小。在这个阶段，技术还完全包含在自然生命的无思维的动物性活动中，没有熟练的工匠，发明只是偶然的事情而并不是有意识进行的。也就是说，捕猎采集时代的技术主要是用来捕猎或宰杀动物，搜集和处理动植物食物，以及满足自己基本生存需要，是在人类本能的情况下发明的。这一阶段的技术处于一种自发的发展状态，看不到明显的社会有意识影响技术发展的因素。

其次，这一时期的社会受技术影响的层面较大。一是技术推动着人类社会的发展。社会学著作《古代社会》（如同达尔文学说对生物学一样具有决定性意义）一书，就是按照当时生存技术的革新来标识人类捕猎采集时代的社会进步的。托马斯·亨特·摩尔根（Thomas Hunt Morgan，1866—1945）认为，顺序相承的各种生存技术每隔一段时间就出现一次革新，它们对人类的生活状况必然产生很大的影响，因此，以这些生存技术作为分期的基础也许最能使我们满意，并据此对人类早期社会的进步状况进行了划分。①低级蒙昧社会，这一时期始于人类的幼稚时期，而终点可以说止于鱼类食物和用火知识的获得。②中级蒙昧社会，这一时期始于鱼类食物和用火知识的获得，终于弓箭的发明。③高级蒙昧社会，这一时期始于弓箭的发明，终于制陶术的发明。这都说明了一个问题，即技术在明显地推动着社会的进步和发展。二是捕猎采集时代的基本生存技术决定着该时代的社会性质原始共产主义社会。由于基本的生存技术是适应基本的食物采集经济而发展起来的，在此条件下，捕猎采集时代必然是一种生存经济和共有社会。因此也不会产生社会等级和支配权，更没有阶层社会所需要的那类专司储存、课税和重新分配剩余食物的强制性机构，同时，这种基本的生存技术也决定着社会的性别分工。

到捕猎社会的后期，生产工具由石器打制发展到磨制，表明社会生产力有了很大的提高。在长期制作石器的过程中，人们懂得了各种石头的性能和特点，知道应采取什么样的加工方法才能达到特定的目的，这就为物理科学和机械科学的产生奠定了基础。再由于对石器数量和质量的需求增加产生了最早的采矿业，说明人们已经有了初步的岩石学、矿床学等方面的知识。火的利用，以及制陶和冶金的经验是化学产生的基础，原始农业和畜牧业的出现使原始人获得的有关动物习性和植物性质的知识，是生物科学的基础。科学的发生和发展一开始就是由生产决定的。综述史实，我们认识到，萌芽状态的科学知识是在生产技术中产生的，是长期生产实践经验积累的结果，从而促进了社会生产力的发展。这时期，科学知识虽显萌芽，却不成体系。

因此，我们可以认为捕猎采集时代的科学与社会的基本关系是这样的，即没有科学的存在，没有社会对科学的有意识的影响（可能存在客观的无意识的影响），而只存在技术对社会的单向作用。

二、农业社会

大约在 12 000 年前，在积累了采集经济经验的基础上，世界各地独立发明了农业、畜牧业技术，给人类历史带来了一场巨大革命——农业革命。这场革命首先是一次社会经济和技术的转型，从食物采集转至食物生产，不但从根本上改变了它所影响到的人们的生活，而且间接地影响到他们的居住环境，直至最后导致了世界的转型。自此，人类社会逐渐进入主动生产食物的相对漫长而稳定的、以手工工具为主要技术载体的农业时代。在农业时代，真正意义上的理论自然科学依然没有诞生。有的只是东方的实用科学和西方的自然哲学。

如果说捕猎采集时代的原始宗教等是科学的萌芽，那么农业时代的实用科学与自然哲学也只是一种关于自然的经验型知识或猜测，只是科学的雏形。所以，弗里德里希·恩格斯（Friedrich Engels，1820—1895）认为 18 世纪以前根本没有科学，对自然的认识只是在 18 世纪才取得了科学的形式。

既然是雏形，就说明科学这种形象开始在社会中存在并与社会发生一定的微弱关系。农业时代的科学与社会的关系表现为科学与社会的松散联系，对社会的影响不大。农业时代的科学研究多是个人凭着爱好和兴趣来进行的，缺乏一定的科学研究社会建制。例如，西方的古希腊，自然哲学家们进行的是毫无实用价值、似乎也毫无意义的个人研究；在东方的中国，古代科学家大致包括工匠、失意文人学者、僧侣学者和官方科学家，他们大都也是以个体的形式在从事科学研究。也就是说，在自然知识没有得到可能的应用的时候，科学发挥它的社会作用并得到社会的支持当然也就无从谈起。所以，科学在古代世界与社会联系甚少，组织极其松散，因而几乎不存在得到社会支持的思想和物质基础。

三、工业社会

15 世纪中叶是欧洲历史上重要的转折时期，资本主义生产方式开始在欧洲出现，而资本主义生产方式就是以机器大生产为基础的。所以，资本主义生产方式的出现，预示着人类即将踏入工业时代的门槛。到 18 世纪 60 年代，以英国人瓦特发明的可付诸实践的蒸汽机为标志，人类社会正式进入以机器为主的工业时代。

在工业时代，真正意义上的科学开始作为一个社会实体形象出现。首先是自然科学为争取独立而同宗教神学的斗争，表现为 1543 年哥白尼天体运行论的发表及维萨留斯（Andreas Vesalius，1514—1564）在《人体构造》一书中关于血液循环理论的提出。其中天体运行论的发表，是科学史上的一个里程碑。它是科学写给神学的挑战书，也是科学宣布自己独立的宣言书。其次就是在 17 世纪以伽利略为代表的近代实验科学的兴起，正如马克思和恩格斯所认为的：科学是实验的科学，科学就在于用理性方法去整理感性材料。归纳、分析、比较、观察和实验是理性方法的主要条件。再次就是 1687 年牛顿《自然哲学的数学原理》一书的出版，标志着理论自然科学的建立，以及 18 和 19 世纪近代自然科学在各个方向上的全面发展。这时的科学诚如 W. C.丹皮尔（William Cecil Dampier，1867—1952）所说的那样：科学过去是躲在经验技术的隐蔽角落辛勤工作，当它走到前面传递并且高举火炬的时候，就可以说科学时代已经开始了。

这一时期，科学与社会的关系除了社会更加有意识地去干预科学的发展，突出表现为科学开始作为一个显性实体与社会发生着复杂而深刻的相互作用。

一是科学开始成为一种社会建制。从 17 世纪开始，各种科学社团的相继建立，标志着科学活动方式从科学家的个人自由研究转向有组织的集体研究，从而使科学成为一种社会建制，变成了一种广泛的社会活动。二是科学直接推动着社会各方面的变革。各门科学在 18 世纪已经有了具体形式，因此它们一方面和哲学，另一方面和实践结合起来了。科学和哲学结合的结果就是唯物主义、启蒙运动和法国的政治革命。科学和实践结合的结果就是英国的社会革命，科学已经成为历史上有力的杠杆，并成为最高意义上的革命力量。三是科学开始成为必需的东西并独立发挥着它的社会功能。贝尔纳（John Desmond Bernal，1901—1971）认为，当工业革命顺利开展后，科学作为文明不可分割的组成部分的地位就巩固了，而且自 16 世纪以来，科学第一次破天荒地可以在欧洲文化中独立起作用了，并且随着资本主义生产的扩展，科学因素第一次被有意识地和广泛地加以发展、应用，并体现在生活中。但由于资本主义发展时代的无政府主义性质的局限，尽管人们处处需要利用科学并不断要求发展科学，但还是很难得到充分的财政支援，而且这一阶段的科学活动就其本身而言，仍然脱离社会实际。到了 19 世纪后半叶，科学才对工业产生实质性的影响。有机化学的发展使得大规模的综合整染工艺成为可能，对电与磁的性质的研究为电灯、电力和交通业奠定了基础。

四、智能社会

当今世界，科学研究的范畴不断延展，以量子力学和相对论理论为基础的学科不断衍生出新的分支，学科交叉不断涌现，以此带来了新科技革命和全球产业变革，新技术加速突破带动产业变革，对世界经济结构和竞争格局产生了重大影响。从国家和地域来看，世界主要国家注重基础科学研究，也纷纷加快发展新兴产业，力图抢占未来科技和产业发展制高点。除了大学和研究院所，很多企业纷纷加大研发投入，在电子信息、生物医药、航天航空、节能环保、新材料方面开展前沿研究，推动全球技术要素和市场要素配置方式发生深刻变化，同时对产业形态、产业结构、产业组织方式产生深刻影响。比如，移动互联网技术的发明，诞生了像微信一样的即时通信工具，极大地改变了人们的交际方式，坐在家里就可以开视频会议。工业机器人的发明和发展，极大地提高了人们的工作效率，节约了时间，将人类从繁重的生产劳动中解放出来，从事其他方面的工作，推动人类生活向智能化过渡。

20 世纪 40 年代当研制成功数字计算机时，研究者就采用启发式思维，编写了能够完成复杂问题求解的计算机程序，利用这些程序，计算机能够下国际象棋和证明平面几何定理。运用计算机处理这些复杂问题的方法具有人类智能的特征，从而促进了人工智能的诞生。1956 年，约翰·麦卡锡（John McCarthy，1927—2011）决定把达特茅斯会议用“人工智能”来命名，开创了真正意义上的人工智能研究，也推动了人类迈进智能社会。

自 20 世纪 80 年代以来，以推理技术、知识获取机器视觉的研究为主，人类开始了不确定性推理和确定性推理方法的研究。日本计算机界推出了“第五代计算机研制计划”，该计划最终未能实现当初的目标，即以非数字化方式在日常生活中全面模仿人类行为，但该计划也为人工智能的进一步发展积累了很多经验。20 世纪 90 年代，人工智能研究在博弈这一领域有了实质性的进展。1997 年 5 月 11 日，一台名为“深蓝”的 IBM 计算机以 2 胜 1 负 3 平的成绩战胜了国际象棋世界冠军加里·卡斯帕罗夫（Garry Kasparov，1963—　），大大地振奋了整个人工智能界的士气，而事实上“深蓝”能够打败卡斯帕罗夫仍是依靠从专家系统提供的所有可能的走步中选择最优，并未有理论上的实质性的突破。2016 年以来，谷歌公司设计的 AlphaGo 先后战胜了国际围棋高手李世石和围棋冠军柯洁，取得人机大战的胜利，更引发了新一轮的关于人类智能与机器智能高低，以及人工智能对未来人类文明影响的激烈争论。

首先，人工智能系统的开发和应用已经为人类创造出可观的经济效益。专家系统就是一个例子。人工智能研究已经对计算机技术的各个方面产生并将继续产生较大影响，如人工智能研究中要求复杂的计算，促进了专用集成片的开发。随着通信技术的发展以及计算机系统价格的持续下降，人工智能技术必将得到更大范围的推广，产生更大的经济效益。

其次，人工智能在给它的创造者、销售者和用户带来经济效益的同时，就像任何新技术一样，它的发展也引起或即将引起许多问题，并使一些人感到忧虑。美国科幻作家艾萨克·阿西莫夫（Isaac Asimov，1920—1992）1950 年在《我是机器人》中提出了"机器人三守则"：①机器人必须不危害人类，也不允许它眼看人类受害而袖手旁观。②机器人必须绝对服从人类，除非这种服从有害于人类。③机器人必须保护自身不受伤害，除非为了保护人类或者是人类命令它做出牺牲。虽然这只是科幻作家的希望与理念，但是在人工智能及认知科学研究中，这样的守则也映射出人们对人工智能研究的期待与要求。

最后，人工智能也对文化产生了影响，其改善了人类知识、人类语言和文化生活等方面。当前的网络一代（net generation）就是计算机与互联网对人类文化产生影响的例子。网络一代是精通互联网的一代，他们沿着科技进步的轨道，在日常生活的许多领域都超越了父辈，并且他们相信自己能促进时代的快速发展。网络一代的思维模式及受教育方式对以往的文化、价值观、教育模式有着很大的冲击，同时对人类的社会进步、经济发展和文化提高也都有巨大的影响。随着时间的推进和技术的进步，这种影响将越来越明显地表现出来。当然，其中一些影响，可能是我们现在还难以预测的，但可以肯定，人工智能将对人类的物质文明和精神文明产生不可估量的影响。

第三节　科学与社会相互促进的机理分析

科学，从来是社会中的科学；社会，也一直是科学中的社会。科学与社会的关系，早已为一些思想家和科学家所重视。"知识就是力量"是 17 世纪的英国哲学家弗朗西斯·培根的名言，他看到了科学的社会功能和价值，认为凭借科学技术可以建立和扩大人类对自然的权力和统治。马克思、恩格斯亲身经历了工业革命给社会带来的深刻变化，考察了科学技术对促进社会生产力的重要作用，他们把科学誉为"历史的有力杠杆""一种在历史上起推动作用的革命力量"。

马克思曾把从中国传至欧洲的火药、指南针、印刷术称为预告资产阶级社会到来的三大发明。他还指出，自然科学“通过工业日益在实践上进入人的生活，改造人的生活，并为人的解放做准备”。恩格斯对 18 世纪的科学与社会的关系做出了著名的理论概括：科学和哲学结合的结果就是唯物主义、启蒙运动和法国的政治革命，科学和实践结合的结果就是英国的社会革命。他们认为，排除自然科学和工业，就不能实现对历史现实的认识。马克思、恩格斯对科学、技术的社会作用的论述甚丰，他们把科学是社会生产力的重要因素的观点有机地融入马克思主义基本理论中，把科学视为经济和社会发展的一个组成部分，而且是一个极其关键的组成部分。

工业革命以来，科学技术就越来越表现为生产力的决定性因素。进入 20 世纪以后，科学技术对经济增长速度的贡献值呈直线上升的趋势。据经济学家测算，在发达国家，科学技术对国民经济总产值增长速度的贡献值，在 20 世纪之初仅占 5%～20%，到 20 世纪中叶以后，就上升到了 50%左右，以后更加快速上升到 60%～80%，以至 80%以上。在生产力的诸因素中，科学越来越显示为最有活力和起决定性作用的首要因素，而资金、人力、物耗、能耗等其他因素的作用均已退居其后。世界许多地区陆续进入“科学技术作为生产力第一因素”的时代，亦即“科学技术是第一生产力”的时代。

随着科学技术日新月异的发展和社会经济实力的迅速增长，不但社会的生产方式在不断变化，人们的生活方式和思维方式，以及社会的管理方式、教育方式，也都在不断变化。作为不断变化的社会现象，科学技术与经济、政治、法律、文化、伦理、价值、思维、管理、教育、宗教等社会现象之间，涌现出许多实际问题和理论问题。研究这些问题的重要性在于，社会各类现象的发展变化往往滞后于科学技术的发展变化，或者与科学技术的发展不相匹配，而这种“滞后”或“不匹配”不但会阻碍科学技术自身的发展，而且会阻碍科学技术转化为现实生产力，从而阻碍社会的前进。

在过去，少数人靠个人志趣、少量资助，在小规模的实验室经过艰苦奋斗，就能做出划时代的科学成就。而在 20 世纪中叶以后，重大科学成就大都是大科研集团的产物，或者是大集团协作的产物。科学的发现、技术的发明和应用，已不再是个人行为，而是一种社会活动，并且日益发展成为一种庞大的“社会工程”或“社会事业”，即所谓“大科学”“大技术”。众所周知，美国制造原子弹的“曼哈顿计划”、登上月球的“阿波罗计划”，都是巨大的科学工程，如果没有国家的财力支持，没有把各有关社会力量很好地组织起来，没有工程内部严密的科学管理和运行机制，其成功是很难的。

现代科学技术的发展，无论是基础科学、应用科学还是开发研究，都需要国家在政策上、资金上给予支持，也就是需要有政府行为的参与。作为一种社会事业，也需要社会多方面、多渠道的支持。怎样构建推动科学技术事业有效发展的社会支撑系统，就产生了科技体制、科技政策、科技管理、科技规划、科技投入、科技立法、科技奖励，以及科技发展的人文环境等一系列需要研究的实际问题。

一、科学对社会的促进作用

（一）科学技术推动物质文明的进步

物质文明是人类在改造自然界、创造自身生存条件的实践中产生的积极成果的历史积累。而任何一项积极成果无不是人类智力活动的结晶，是人们对自然界和劳动生产过程的科学认识和技术创造的具体表现。所以，对于物质文明的发展来说，技术进步是一个关键的因素。作为人类改造自然界的实践活动的成果，物质文明表现为社会生产力发展水平、社会劳动生产率的高低，社会所拥有的物质财富程度，以及人类物质生活的质量和水平。这些物质因素越是进步，人类物质文明的程度也就越高。而技术进步对物质文明的促进，主要是通过推动物质生产的进步和改善人们的物质生活这两个方面来体现的。

1. 推动物质生产的进步

物质文明的发展以社会生产力的发展为基础，而技术进步则是推动生产力发展的关键因素。近代文明发展史充分证明了这一点。到 19 世纪后半叶，由于热力学、化学，特别是电磁学等科学新成果迅速转化为机器制造、化工、冶金、电力、电信、内燃机等一系列的技术发明，社会生产力进一步提高。进入 20 世纪以来，科学与技术的相互促进，更加凸显了它们推动社会生产发展的强大威力，以至于使生产力结构中的劳动资料、劳动对象和劳动者这三方面都发生了根本性变化。技术的发展已经成为现代社会生产中提高劳动生产率的主要因素。20 世纪初，工业劳动生产率的提高仅 5%～20%是依靠新的科技成果取得的，而 20 世纪 70 年代以后，这个比例就上升到了 60%～80%。

2. 改善人们的物质生活

（1）改善劳动环境，减轻人们的劳动强度。劳动是人类谋生的需要，千百年来恶劣的生产条件和繁重的体力劳动使劳动者心力交瘁、苦不堪言。马克思认为，要使劳动成为人们自觉、愉快的行为，成为“生活的第一需要”，除了必须消除任何形式的对劳动实行强制的社会因素，还必须具备两个条件：①必要劳动时间的缩短和由劳动者支配的自由时间的延长；②劳动条件的根本改变，使人免除一切繁重的体力劳动。技术进步正是促使这两个条件逐步实现的重要因素。近代的机器大生产结束了笨拙、艰苦的手工劳动时代，而在现代工业中已经出现了电子计算机控制和机器人操作的自动生产线、自动车间甚至自动工厂。

（2）改善人们的物质生活条件，丰富日常生活的内容。近代以来，火车、轮船、汽车、电报、电话等发明创造，使交通和通信迅捷方便，使人们的日常生活发生了重大的变化。20 世纪 40 年代以来，一系列新技术的发展，又向社会推出了收音机、电视机、电冰箱、洗衣机、空调器等生活器物，大大改善了人们的物质文化生活条件，减轻了家务负担。

（3）促进医药、卫生、保健事业的发展，提高了人们的健康水平和生命质量。如今，社会医疗保健设施不断完善，人的平均寿命普遍延长，健康水平有了很大的提高。现代生命科学还为提高人类的生命质量做出了贡献。

（二）科学技术推动精神文明的进步

人们在改造客观世界的同时，也改造了主观世界。社会的精神生产和精神生活得到发展，这方面的成果就是精神文明。它表现为教育、科学、文化知识的发展和人们的思想、政治、道德水平的提高。科学技术在精神文明建设中，有其特殊的社会功能。

1. 引起思维方式的变革

思维方式是人类理性认识的形式、方法和程序，它反映了人们对世界的理解水平，以及认识的深度和广度，是精神素质和科学文化素质总的体现，在精神文明中占有特殊的地位。社会的精神文明大体可以归结为思想道德和科学文化两个方面，而这两个方面都贯穿、渗透着思维方式的影响和制约。科学的思维方式往往体现着正确的思想和道德观念，起着巩固先进的世界观和人生观的作用。同时，思维方式的科学化程度也体现着人类的智力和文化素质的发展状况，是度量精神文明中科学文化方面的综合标志。现代科学的深奥使广大群众很难领会其精神实质，而技术进步，尤其新技术革命以来的高新技术，则是推动社会大众思维方式科学化的主要动力。

2. 推动道德的进步

技术进步对道德进步的推动作用，主要表现在以下几个方面。第一，技术进步使社会生产和生活发生巨大变化，对生产关系和其他社会关系产生深刻的影响，从而促进新的道德规范的形成和社会道德水平的提高。道德发展的历史表明，不可能设想在青铜器的奴隶制时代，会有完美的人道主义产生；如果没有近代科技和机器大生产代替手推磨式的生产，也就不会有资本主义文明的道德取代封建文明的道德。第二，技术知识加深了人们对自然、社会和自身的本质认识，从而开阔了人们的道德视野，促进了道德观念的变革。第三，某些技术成果的运用，有力地冲击了传统道德观念，为新的道德规范的确立开辟了道路。近年来问世的试管婴儿、器官移植等新科技成果也引起了有关道德评价问题的激烈争论。但我们看到，这些成果目前已经被越来越广泛地应用，被越来越多的人所理解和接受。这表明，随着技术进步，人类的生命道德观念也在取得新的进步。

当然，影响和制约道德观念的社会因素是复杂的、多方面的，其中阶级关系是特别重要的一个方面。因此，我们在考察技术进步对每一时代的道德的影响时，不应撇开当时的社会阶级关系的背景。此外，道德观念又具有相对稳定性，在一定时期，它的变化相对其他一些社会因素，常常是滞后的。技术进步与道德进步之间，不可能只是简单的线性关系，在一定条件下，两者的相互作用也可能产生一些错综复杂的社会现象。

3. 促进教育和文化的发展

技术进步对教育事业的促进作用主要体现在如下几个方面。第一，先进技术成果直接应用于教育实践，从而引起教育系统结构的变化。第二，技术进步必然引起教育方式的变革。在当代，技术以空前未有的速度发展。面对这种情况，教育必须改变过去单纯传授知识的方式，转而注重培养学生驾驭知识的智能，而且教材内容也必须有相应的改革。“知识爆炸”同时也引起知识老化和更新速度的加快，这就要求对在职人员实施继续教育和终身教育，使之不断更新知识结构，跟上现代技术发展的步伐。第三，当代技术革命出现的科学—技术—生产一体化趋势，必然改变传统的教育价值观念，这种趋势使人们认识到科学技术是生产力，因此对传授科技知识的教育的投资乃是生产性投资。

新技术革命的巨大成就对各项文化（这里所讲的文化是狭义上的文化）事业的渗透更是无所不至，使各种文化艺术的表现形式不断推陈出新。例如，全息摄影、电子音乐、计算机作曲等新的艺术形式的创立，电脑激光照排系统的发明，遍布全球的卫星电视网的建立，等等。

除了以科技新成果直接应用于文化领域，技术进步对文化事业的促进作用还表现在：由于人们的闲暇时间相应增加，文化消费水平也普遍提高，越来越多的人成为文化事业的直接参与者和创造者，而不再是单纯的消极欣赏者，这就为人类文化的进一步繁荣奠定了广泛的群众基础。

二、科学风险引发人们反思

当然，从对人类和社会的根本利益上，科学或知识不论其结构还是功能都是真善美的。但作为认识和改造世界的一种手段，情况则完全不同。每项科技成果都充满着矛盾，具有两面性，即它可能好，也可能坏。科技的发展进步，既给人类带来了巨大的利益，也给社会带来越来越多的尖锐、复杂的问题。这种问题和隐忧也引起了现当代哲学家的关注，尼采说“凡人类所能享有的尽善尽美之物，必通过一种亵渎后才能到手，并且从此会一再自食其果，受冒犯的上天必降下苦难和忧患的洪水，侵袭高贵的努力向上的人类世界”。

科学技术带来环境污染、资源危机等问题。生态系统经历长期自然的发展，它的内部结构及其相互关系原本处于相对稳定状态，并通过自身反馈和自动调节，不断达到平衡，但是由于近代科学技术和生产力迅猛发展，人口激增，环境恶化，生态失调相当严重。环境污染是人们不能合理使用资源，将还有用处的资源反抛于环境造成的。其中大部分是有毒物质，从而会导致环境不断恶化，严重影响生物的正常生长，危及人类的健康。针对工业革命以来造成的环境污染，马克思一再指出，在大城市中“散发出制造疾病的毒气”，充满着“饱含硫化氢的水蒸气”，在伦敦，整个城市都“被灰色的烟云笼罩着”。这种因破坏自然而引起的生存环境污染，是“百病丛生的根源”。同时，随着劳动对象范围的扩大、人类需求的增长，地球固有的储存资源逐渐减少甚至短缺，也给社会带来严重困难。

科技日益广泛地武装军事，研究出像原子弹、氢弹这样破坏性很大的武器，制造出细菌武器、化学毒气武器，使战争变得比任何时候都可怕，甚至从根本上威胁到人类的生存。

科学技术带来人的“异化”。贝尔纳说：“工业革命使工厂经常性的单调乏味的劳动代替了农民一年到头多样化的劳动，并且使得劳动虽然花费力气较少，但由于单调及周围环境的可怕和肮脏病而更加令人厌倦。”一方面是工作内容的单调；另一方面是失业和社会秩序的混乱——“科学带来新的生产方法，反而引起失业和生产过剩，丝毫也没有减轻普遍存在的贫困”。

科学技术使人类的道德观念受到严重冲击。转基因、核能、机器人，特别是人类精准基因工程技术等科学，使人们的传统观念受到挑战，引起社会混乱，甚至走向历史的倒退。

不承认科学技术的副作用是不全面的，但是把它看得过重便会产生消极影响，从而阻碍科学技术的发展。贝尔纳曾说“科学必须先接受审查，然后才能为自己洗刷掉罪名。科学的这些消极影响，并不是科学自身的罪责，而是由对科学的不合理的社会利用造成的”。

今天，我们在高举科学的旗帜，大力发展科学技术的同时，不得不重新审视科学技术这把“双刃剑”；在我们充分享用科学技术成果的同时，更要以清醒的头脑对其应用所产生的社会负面效应有正确的认识，并能采取有效措施减弱、消除这种负面效应。

正确认识科学技术的社会负面效应，是预防、减弱、消除负面效应的基础和前提。阿尔伯特·爱因斯坦（Albert Einstein，1879—1955）曾说过：“科学是一种强有力的工具。怎样用它，究竟是给人带来幸福还是灾难，全取决于人自己，而不取决于工具。刀子在人类生活中是有用的，但它也能用来杀人。”即是说，科学的发展固然有其内在的逻辑必然性，但它作为人类的一种有目的的实践活动，具有社会属性，与社会制度密切相关。科学技术效应的产生有一个从可能变为现实的过程，这一过程是由人的选择（即价值取向）来决定的，科学技术从来没有完全独立地起作用，总是受人的控制和指导。在现实社会中，科学技术的正负效应，实质上是人们对科学技术的选择和应用的结果，它已经蕴含了价值的、文化的、伦理的和社会的诸多因素，已非科学技术本身。所以，尽管科学技术本身是中性的，但它的应用却不是中性的。对科学技术的使用不当或滥用、误用而造成的不良后果，其责任不在于科学技术本身，而在于科学技术的应用者——人。而人是社会的人，社会制度、社会关系制约着人的思想和行动，因而在总体上决定着科学技术的发展及其应用取向。所以，只有把科学技术置于一定的社会制度、社会关系中来考察，才能解释科学技术对人类发展的积极或消极作用。不是科学技术控制、决定社会与人，而是一定的社会制度、社会关系及其制度、关系下的人决定科学技术的发展及其应用取向。归根结底，科学技术到底对人和社会产生什么样的影响，在很大程度上取决于它掌握在什么人手里，用它去达到什么目的。

采取积极有效的措施，来防范、减弱、消除负面效应，是科学技术工作者和社会人文理论工作者义不容辞的责任，更是人类寻求良性发展的必不可少的一环。

首先，要完善和健全现有的科学技术发展绩效评价制度与规范。长期以来，社会对科学技术发展绩效评价的制度与规范注重的是科学技术的功利原则。贵用重利的功利思想是科学技术发展的强大思想动力，但同时也是科学技术产生负面效应的社会根源之一。

其次，科学技术之所以产生负面效应，一个根本原因就在于应用科学技术的过程中，人的价值取向和价值准则出现了偏差，从而偏离了科学技术发展本来的目标，使得在人与物的关系上，人的主体地位丧失。人成了物的“附属品”，在人与自然的关系上，失掉了人与自然和谐共处的目标，造成了生态和环境问题；在人与人的关系上，丧失了正义、自由、平等和人类幸福的目标。就如爱因斯坦所说的“我们只懂得应用科技本身是不够的，关心人本身，应当始终成为一切技术上奋斗的主要目标”。

总而言之，科学技术的社会功能对人类社会发展起着积极的推动作用，这是主导的、正面的，但不是唯一的。在一定条件下，它还损害人类的生存，阻碍社会的进步，这是常常被人忽视的。重要的是对它要有个全方位的认识，竭力为其往顺向发展开辟道路，遏制其逆向趋势，把它的破坏性控制在最低程度。

三、社会促进科学的发展

科学发展推动社会进步，反过来，社会诸因素也作用于科学发展，是科学的外在动力。

在政治领域，社会政治环境相对稳定，有利于科学的发展，几次科学革命有力地证明了这一点。例如，资产阶级革命后的英国和“大革命”后的法国因为安定的政治环境而先后成为科学中心。有时，即使是革命和战争，在客观上也会促进科技发展，如许多高新技术的产生与发展，都是出于满足军事和战争的需要。不过，军事和战争大规模地消耗和破坏社会的财富，对科学技术的发展又起着严重的破坏作用。科学技术的发展必然会不断地提高社会生产力，推进社会文明的发展，从而成为最终消灭战争的重要条件。

科学与宗教有着千丝万缕的联系，科学自诞生之日起就一直与宗教在较量，人们一度将宗教当成科学的对立面来对待，如天主教坚持“地心说”活活烧死了乔尔丹诺·布鲁诺（Giordano Bruno，1548—1600）；宗教禁止解剖人体，将“解剖学之父”安德烈·维萨里迫害于异乡，等等。而“默顿命题”的出现，无疑让人们看到宗教社会对科技发展的正向影响。英国科学社会学家默顿（Robert King Merton，1910—2003）受到马克思·韦伯的“清教的精神特质对资本主义具有一种刺激作用”观点的启发，认为，既然科学和技术在近代资本主义文化中发挥着如此重大的作用，那么，清教主义与科学之间也很有可能存在着类似的实质性联系。在其经典之作《七世纪英格兰的科学、技术与社会》中，默顿提出了著名的“清教——科学假说”，清教无意之中刺激了新科学的兴起。

在经济领域也是这样，恩格斯曾经指出，“在中世纪的黑夜之后，科学以意想不到的力量一下子重新兴起，并且以神奇的速度发展起来，那么，我们要再次把这个奇迹归功于生产”。而社会生产的发展往往表现为经济上的需求，这种经济需求会形成科学技术前进的强大动力。

从文化角度来分析科学的发展，可以对比中国、日本和英国三种不同社会的文化传统对科学发展的影响。三种文化造就了儒士、武士和绅士三种不同的科技态度，也造成了三种不同的科学结果。中国几千年来“万般皆下品，唯有读书高”和“学而优则仕”的行为价值取向使许多有志之士热衷于科举考试，把文章看作“经国之大业，不朽之盛事”，而对科学却不甚关心，视技术为奇技淫巧，这种认识取向在某种程度上阻碍了近代科技在中国的发生、发展；明治维新以后，日本的武士道思想大行其道，除了忠君，还崇尚亲手劳动，强调“现场优先主义”，工程技术人员都以深入生产第一线为荣，这种行为文化的价值导向促进了日本企业技术开发、设计、生产和销售的一体化，加速了技术创新的过程；而英国文化强调绅士风度，绅士式的文化教育使科学家的社会角色受到重视，这也促进了17世纪英国科学的繁荣。

社会组织对科学的发展有重要的意义，特别是非官方的、自发的民间结会是科学发展的一种重要形式，贝尔纳在谈到英国各学会的时候，“假如真想把科学工作更密切而有机地统一起来的话，皇家学会将是一个在形式上最适宜于执行这一任务的机构”。

四、社会阻碍科学的进步

1. 人们思想固化对科技的排斥

思想解放是社会变革的先导，反之，思想的固化直接影响科学的进步。中国古代有灿烂辉煌的成就，如天文历法、算术、物理、医术、农业、建筑等领域皆有优秀成果，其中影响最大的是“四大发明”，它对世界历史进程和科技发展的推动作用是无与伦比的。但是到了近代却停滞不前了，被西方远远地甩在了后面，这也正是著名的“李约瑟难题”。造成这样的后果有很多原因，但最重要的一点是思维的僵化。正如法国学者路先·列维-布留尔（Lucien Lévy-Bruhl，1857—1939）所讲，“中国长期的停滞主要是因为概念的僵化，概念的僵化必然带来思维的僵化”。宋朝以后，中国人思维的僵化加速，从明朝以后，中国人的思维完全固化了，到了清朝，在西方各国加速发展科学的时候，清政府盲目自尊，满足于传统农业社会的生产方式，根本没有科学什么事。而洋务运动终因对近代科学技术认识的肤浅而告失败。

2. 经济停滞对科学的影响

默顿在研究 17 世纪英国科学、技术与社会的关系时认为，在当时的英国，是经济需求带来对科学技术的需要，这就使社会形成一种共识，即只有那些能够帮助英国谋求经济统治地位的发明活动，才是最有价值的。他的统计结果表明，当时大约有 60%的科技成果与社会经济需求密切相关。而李约瑟（Joseph Terence Montgomery Needham，1900—1995）博士在分析中国近代科技落后的原因时也认为，由于中国社会缺少对科技发明的经济需求，所以影响了科技成果的社会实现。他指出，“虽然中国社会生来就是发明创造的沃土”，但是许多科技成果的利用却比应该得到的要少，“这是因为在一个官僚们决心要保护和稳定的农业社会里缺乏这种需要”。

3. 无序动荡的政治环境影响科学的发展

安定的政治环境有利于科学的发展，反之战乱的国家对科技发展是不利的。民国时期以来，我国现代科学技术处于草创阶段，但军阀混战及外敌入侵，阻碍了科学的发展；“文化大革命”时期，世界新技术革命浪潮迭起，我国与世界先进科技水平差距被再次拉大。反观国际社会，哪个地方长时间发生战乱，哪个地方基本上不会有什么科学进展。比如今天伊拉克、利比亚、伊朗等国家，很难想象它们的科技发展状况。

综观人类社会发展史，可以发现科学技术与社会文明进步之间的关系越来越密切。文明的第一次浪潮使人类从野蛮进入文明，建立了农业社会；科学技术萌芽、发育，推动了文明的第二次浪潮，建立了传统的工业社会；文明的第三次浪潮将导致新的文明的跃进，建立信息社会；现在或即将发生的文明的第四次浪潮，将推动更高阶级的文明，引领人类进入智能社会。

第四节　科学与社会相互促进的对策

一、深入持久地开展思想解放

思想解放，就是摆脱旧思想的束缚或局限去追求和接受新的思想，在新思想的支配和指引下，不断改变或放弃旧有的价值标准，去追求和实现新的目标、价值和标准，即进行观念的转变。

在我国历史上曾经出现过“百家争鸣”“商鞅变法”等活动，推动了人们思想的解放。近代以来，康有为、梁启超的“维新变法”就是一次解放思想、转变观念的改革；以孙中山为代表的一批仁人志士，奔走呼号宣传进步思想；马列思想传入中国以后，在中国共产党的带领下，中国人民的思想不断解放，推翻“三座大山”，建立了中华人民共和国。此后，在社会、教育、经济等各个领域不断进行变革，为中华民族的腾飞开了一个好头；以邓小平为代表的中国共产党人开展了“实践是检验真理标准”的大讨论，提出了改革开放的发展思路，再一次促进中华民族思想大解放。随着这次思想的解放，我国在教育、科技和经济等各个领域转变着观念，特别是提出了“科学技术是第一生产力”的著名论断，迈出了现代化发展的坚实步伐。之后在近40年的改革开放发展实践中，总结出中国特色社会主义的发展思路使人们的思想观念再次发生了翻天覆地的变化，而党的十八大提出创新驱动发展战略则是新时期又一次的思想解放。

但是，几千年来形成的集体性的思维定式和经验主义还时时作祟，迫切需要有像文艺复兴、启蒙运动时期那种伟大思想家集中迸发的思想大解放，从而带动艺术、文学、哲学、教育、宗教和科学等方面的空前突破。因此，必须要把思想解放运动广泛、深入、持久地开展下去，摆脱旧思想、旧风俗、旧习惯、旧势力等的束缚和局限，大胆地追求和接受新的和进步的思想。

二、营造良好的科学研究环境

环境分为两个方面：一方面是自然环境；另一方面是人文环境。

自然环境是指蓝天、碧水、阳光、海滩，诗情画意的生活环境，是持续开展科学研究的重要条件。纵观世界各科学中心无一不拥有良好的自然条件，因此未来我们也应将营造更加美好的自然环境作为吸引高端人才的重要手段。

人文环境包括适合科学发展的人文气息——一流的学术机构和学术大师，一批结构合理、素质优良的创新人才，代代相传的不竭动力。文化传承比基因传承更强大，要不断形成人们崇尚创新、包容失败的创新文化，形成百家争鸣、尊重科学家个性的学术文化，增强敢为人先、大胆质疑的创新自信。要营造良好学术环境，弘扬学术道德和科研伦理。

为此，必须要给科研人员提供良好的福利待遇，使他们有较高的收入和体面的社会地位，并为其解决住房、医疗、子女教育等后顾之忧；要进一步加强知识产权保护，建立健全知识产权在创造、运用、保护和管理等环节的工作体系和运行机制；要采取多种有效措施，营造和树立起鼓励创新、宽容失败的社会氛围。

三、强化科学的社会监督

随着社会的发展和科学的进步，科学与社会之间建立了日益紧密和更加多样的联系。科学正在成为社会的重要组成部分，生产“科学化”和社会“科学化”

的进程迅速发展，科学解决了人类社会很多难以解决的难题，但同时也面临着很大的风险，也引发了一系列的社会问题，如核能发电、生物工程等，一旦发生问题，都是无法估量的灾难，因此也要强化社会对科学的监督，趋利避害，推动社会全面进步。

第三章

经济发展与科学技术发展的关系

科学发展的决定性因素是物质因素，即社会经济的需求，这是科学发展的主要动力和源泉。贝尔纳在他的《历史上的科学》（*Science History*）一书中反复强调这个历史唯物主义的观点。因为促使科学技术进步的那些条件只有在社会和经济发展的各个时期里才能具备，经济和社会才会提出各种各样的要求来刺激科学技术不断从事新的探索研究活动。可以说，科学（包括技术）与经济是现代社会的两大重要支柱，经济的发展与科学技术的发展密不可分。因此，只有深入研究科学发展规律和经济规律的相互关系和相互作用，才能使科学技术更好地为经济发展服务，反过来，经济的繁荣又为科学技术的发展创造着有利条件。

第一节　经济发展先于科学

一、“知道如何做但不知道为什么”阶段

从一开始，人类的生存就取决于他们应付自然环境的能力。史前人类为了取得生活必需品，发展出了令我们惊奇不已的技术。他们学会了制作工具、生火、营造栖身之所、狩猎、捕鱼、采集果实和菜蔬。成功的围猎和采集食物，以及在公元前 8000 年之后产生了农业，都需要了解有关动物习性和植物特性的大量知识。在一个更高的水平上，史前人类学会了识别有毒的草本植物和具有治疗作用的药草。他们还发展出了许多技艺，包括制陶、纺织和冶炼金属的工艺。到公元前 3500 年，人类已发明了轮子，他们认识到季节之分，并看到了季节与某些天象的关系。简言之，他们对自己的外界环境已知道很多。这里的知道与科学还是有重大区别的，就是知道如何去做事情是一回事，但知道为什么如此却是另一回事。例如，一个木匠在使用木料时，即使对木料的应力没有任何理论知识，仍可是一名合格的、精细的木匠。人们即使没有掌握可以解释毒性或治疗性的生化知识，也同样可能区分出有毒的草本植物或有治疗作用的药草。也就是说，即使对经验背后的理论一无所知，实际的经验法则也能够得到成功应用[①]。

① 戴维·林德伯格. 2016. 西方科学的起源. 长沙：湖南科学技术出版社.

二、纯科学阶段

科学主要是为了揭示自然的本质和内在规律，回答是什么和为什么的问题，目的是发现世界上已有的东西，表现为知识形态，所以科学是公共物品，是人类共同的财富。科学进步，应指人们对客观世界或物质运动的规律性认识的提高与扩展。它可以表现为提出新的论点、新的学说、新的学科、新的发现等。与此对应的是知识，知识被广泛理解为涉及从民间信仰到实证科学的每一种观念类型和每一种思想方式。"知识"的范围比"科学知识"的范围更广，"科学知识"的本质必然是对专门领域的关注。①自 17 世纪以来，知识就一直呈几何级数增长，科学活动的规模及产出都已经增加了好几个数量级，为详细考察过去 200 年间的科学，托马斯·库恩（Thomas Samuel Kuhn，1922—1996）把现象加以模型化，发展出一种影响极大的科学革命理论，把科学革命描述为相对静止的、解决难题活动（他称之为"常规科学"）时期的一段激烈变革（他称之为"范式转换"）。库恩把 16 世纪和 17 世纪的科学革命视为一系列发生在具体学科内部的、（在相当程度上）相互独立的较轻微革命的综合过程。

科学革命之后形成了两种不同的科学传统。一种传统是通常所说的"经典科学"，包括天文学、力学、数学和光学。这些领域起源于古代，它们是在古代世界所从事的研究中就已经成熟，而在科学革命中又经受过革命性改造的那些科学。然而，即使在得到改造以前，这些科学就已经高度理论化了，继续进行的研究是为了解决具体的难题。从总体上看，经典科学在研究方法上并不是实验性的，而是以数学和理论为基础，可以明显感觉到它们那种规范严谨的学术气息。

另一类科学可以称为"培根科学"，它们虽然是在科学革命之中及其后同经典科学平行发展起来的，却与经典科学基本上没有什么关联。它主要是对电、磁和热的系统研究，它们与古代经典科学没有渊源，而是在科学革命的外围受到或多或少的熏陶，作为经验主义的研究领域冒生出来的。也就是说，经典科学在科

① 默顿 R K. 2009. 科学社会学. 北京：商务印书馆.

学革命中得到了改造，而培根科学则是在那个时代智力普遍活跃的背景下形成的。同经典科学依靠理论和较多使用数学不同，培根科学依靠仪器的程度比经典科学大得多。培根科学需要的理论指导不多，典型做法是搜集原始数据和资料。这说明随着经济的发展，纯科学开始走上应用之路。

三、科学发展的职业化和专业化

科学的专业化和职业化是其成为今天之科学的一个重要标志。18～19 世纪，越来越多的科学家依靠科学工作谋生，科学成果在公众的心目中扮演了越来越突出的角色，其专业化和职业化的身份得到社会认同，科学家是 19 世纪为科学奠定的一种新型的组织机构基础。18 世纪存在的组织科学的骨干机构，即国家支持的学术社团，虽然继续保持到了 19 世纪，但是它们已经不再是从事原创性科学研究的中心，而是作为对过去所取得的科学成就的奖赏，大多变成了荣誉性组织。代替它们的是新出现的一批朝气蓬勃、彼此互为补充的科研机构。1794 年在法国成立的综合工科学校，集中了法国一流的科学家，他们向一代出类拔萃的年轻人传授先进的科学理论，使法国在 19 世纪 30 年代变成了一个先进的科学大国，后来的西点军校和美国及其他国家的专科学院，也仿照了这种模式。

在英国，1799 年成立的皇家研究院，为戴维（Humphry Davy，1778—1829）和迈克尔·法拉第（Michael Faraday，1791—1867）那样的著名人物提供了一个可以安心从事研究的场所。与此同时，作为那一个时代的标志，在英国和北美洲还陆续出现了数百所机械学院。在 19 世纪最兴旺的时候，在学校学习科学的学生超过了 10 万人，约占当时英国人口总数的 0.3%。

科学的职业化也导致了研究机构的专业分工。传统的学术社团通常总是代表所有的科学门类，到了 19 世纪，专门从事某一学科研究的新型学术机构多了起来，科学家的研究兴趣也逐渐趋向专一。英国在这些方面走在了前列，相继成立了林乃学会（1788 年）、伦敦地质学会（1807 年）、伦敦动物学会（1826 年）、皇家天文学会（1831 年）和伦敦化学会（1841 年）等新型学术机构。

英语里的 scientist（科学家）一词就是在 1840 年出现的，这件事情从一个侧面有力地反映了那个时代的社会对科学和科学研究人员的看法的深刻变化。诚然，科学及从事科学研究的人至少从古美索不达米亚出现文明曙光以来，就已经是学术界的一个组成部分。但是，19 世纪科学被组织起来以后所导致的科学的社会环境所发生的那些变化告诉我们，只有到了那时，“科学家”才作为一种社会存在和独立的职业身份自信地展现在人们面前。

第二节 经济发展需要科学支撑

科学和工艺，以及科学文化和技术文化相互融合，一般说来，是从 19 世纪开始的。在 19 世纪以前，应用科学是极少的。在最早的文明史中，以及其后出现了国家的社会中，政府曾经支持过有用的知识和应用科学，把它们用于统治。在欧洲，国家对那些被认为有用的科学的支持，直到中世纪以后才姗姗出现，譬如说，先是支持制图学，再晚一些，作为科学革命的一个成果，才有了国家主办的科学学会。在 17 世纪，人们已普遍认为自然哲学应该最终为公众造福。可是，纵观科学和技术的整个历史发展过程，更为普遍的现象还是科学活动和大量的技术活动相分离，不仅在知识上如此，在社会学意义上也是如此。在 18 世纪英国工业革命时期，科学界和技术界开始走到一起，但是现在还是难以找到可以证明当时的技术就是应用科学的历史证据。然而进入 19 世纪，好几项重要的新鲜事物的出现，才使从古希腊时代沿袭下来的科学和技术分离的那种自古就有的传统终于被打破。

19 世纪才出现的关于电流的新科学立即就产生出若干应用科学的新兴工业，其中，电报就是最典型的例子。在法拉第于 1831 年发现电磁感应现象以后几年，科学家惠斯通（Charle Wheatstone，1802—1875）就和他的一名合作者在 1837 年研制出第一台电报机。其后，惠斯通同欧洲及美国的其他科学家和发明家一起努力，致力于创建电报工业，其推动力部分就来自铁路的发展产生的对电报的需求。在萨缪尔·芬利·布里斯·莫尔斯（Samuel Finley Breese Morse，1791—1872）的电码编制方案取得专利以后，他们的工作突飞猛进，很快就获得成功。莫尔斯的电码是用点和画的组合来代表字母，于 1837 年编制出来，1844 年通过了现场试验。伦敦和巴黎在 1854 年实现电报通信。第一条跨越大西洋的电报电缆在 1857～1858 年开始铺设，1866 年 7 月 27 日铺设成功。1861 年，在北美又首次通过电报把大陆东西两侧的城市纽约和旧金山连接起来。再往后，电报就同铁路一起在全世界普及开来。最后的结果，就是发生了一场通信革命。

虽然电报技术用到了大量先前的科学知识，但是这种新技术的不断发展肯定要面临许多难题，其中有技术上的，有商业上的，也有社会上的。对于那样一些问题，当时的科学研究或理论就无能为力了。换句话说，一种基于科学的技术要想站住脚，通常会涉及一整套复杂技术系统的建立，而这一套系统，当然不会是“应用科学”，这个结论对于在 19 世纪最后 25 年兴起的电照明工业也基本适用。

第三节　科学推动经济发展

现代科学技术的高度发展，不仅对经济发展起直接作用，而且作用越来越重要。科学和经济的关系首先是科学和生产的关系，科学技术的进步（广义包括改进管理等因素）已经成为促进生产的主要因素。经济是社会的基础，生产活动是人类最重要的实践活动。所以，在科学技术与其他社会体制的关系中，科学与经济的关系最直接、最密切，甚至在一定情况下，可以视科学技术为经济的一部分。第二次世界大战后尤其是“冷战”结束后，科学与产业的关系空前地被拉近了。第一是产业内部包括基础研究在内的研发能力日益增强；第二是从事高新技术产业并且做到产学研一体化的中小企业越来越多；第三是国家 R&D 活动为产业服务的成分扩大，产业界对大学和研究机构的资助力度也不断加大；第四，在为产业服务目标的影响下，学院科学在组织结构、社会运行和管理方式等方面，也越来越具有较多的产业色彩。所有这些，即是齐曼所说的“产业化”。

经济包括生产、交换、分配、消费等环节，而以生产为核心。科学和经济的关系首先是科学和生产的关系。

科学和生产的关系，经历了一个漫长的发展过程，在上古时代，科学技术的萌芽和生产朦胧是一体的。随着阶级社会的产生、脑力劳动和体力劳动对立的出现，科学和生产、科学和技术之间发生了脱节现象，科学作为社会知识形态包含在大一统的哲学之中，而技术则作为生产技艺与生产紧密结合在一起。到了近代，一方面，科学和技术各自从其母体中分化出来而取得独立的地位；另一方面，科学、技术和生产之间的相互联系却加强了。这种既相对独立又相互结合的关系，在现代又具有新的特点。

第一，科学、技术和生产的关系更加密切，形成了一个相互接力的体系，科学技术成果应用于生产的周期日益缩短。

第二，科学、技术对生产发展的作用超过以往任何时期，技术进步（是广义的，包括改进管理等因素）已成为促进生产的主要因素。

第三，科学研究和发展已与生产紧密联系在一起，成为现代企业经济活动不可缺少的组成部分。综上所述，在现代，科学、技术和生产之间的关系，可以概括为：生产是科学、技术的起点和归宿，科学技术是促进生产发展的主要因素，而技术较之科学又对生产起更直接的作用。就其相互作用的过程而言，可以列出一个包括三方五环节的简明公式：

生产→技术→今科学→今技术→再生产

实际上，马克思和恩格斯对科学、技术与生产的关系早已做过许多精辟的而且相当完整的论述。他们写道："科学的发生和发展一开始就是由生产决定的。经济上的需要曾经是，而且愈来愈是对自然界的认识进展的主要动力。以前人们夸说只是生产应归功于科学的那些事，但科学应归功于生产的事却多得无限。""如果像瓦·博尔吉乌斯所断言的，技术在很大程度上依赖于科学状况，那么科学却在更大的程度上依赖于技术的状况和需要。社会一旦有技术上的需要，则这种需要就会比十所大学更能把科学推向前进。劳动生产力是随着科学和技术的不断进步而不断发展的。"大工业把巨大的自然力和自然科学并入生产过程，必然大大提高劳动生产率，这一点是一目了然的。马克思和恩格斯的这些论断，与上述三方五环节的公式在本质上是一致的。

对前面提到的三方五环节公式，如果就其相互作用的机制而言，也可以用图 3-1 来表达。

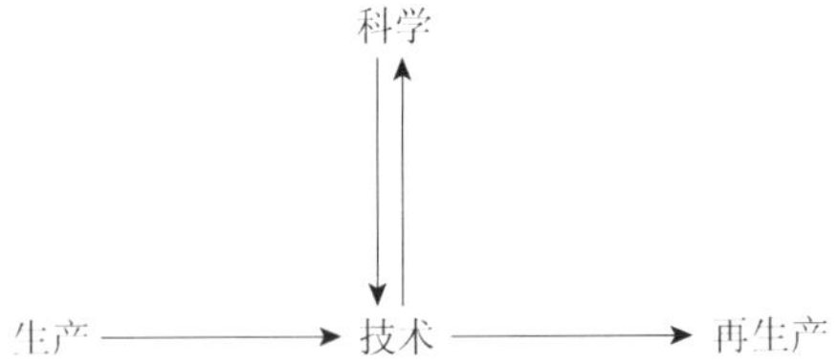

图 3-1 科学、技术与生产的关系图

资料来源：彭运芳. 2009. 新编技术经济学. 北京：北京大学出版社

以晶体管的发明为例，第二次世界大战刚刚结束时，凯利是贝尔实验室主任。作为一个真空管专家，他深切地认识到真空管有寿命太短、耗电太多、发热太剧、体积太大等缺点，不可能满足当时日益庞大的通信事业的需求。当时半导体早已被用来检波，于是，许多科学家产生了一种想法：既然半导体具有真空管的性能之一——检波，那么，是不是也可以用它来放大微弱的电子信号呢？凯利和贝尔实验室的许多研究人员也反复讨论了这个问题。其中一位便是威廉·布拉德福德·肖克莱（William Bradford Shockley，1910—1989），他当时正在从事半导体方面的研究工作。1946 年 1 月成立了一个专门的固体物理研究小组，主要成员还有沃尔特·布雷登（Walter Braden，1920—1987）和约翰·巴丁（John Bardeen，1908—1991）。经过许多挫折，他们终于在 1947 年 12 月 23 日第一次演示了晶体管效应，发明了晶体管，并因此获得了诺贝尔奖。

1977 年，巴丁在日本讲学时回忆道：20 世纪 20 年代，沃纳·卡尔·海森堡（Werner Karl Heisenberg，1901—1976）和薛定谔（Erwin Rudolf Josef Alexander Schrödinger，1887—1961）开展了量子力学的研究。在 30 年代，他们的研究为从理论上认识固体的各种性质奠定了坚实的基础。但是理论和实验之间还存在着很大的差距，贝尔实验室深深感到要大力加强研究来缩小这个差距。“当时我们已经知道，灯丝过热，真空管效率会大幅度降低，寿命就会缩短，但是，当时谁也不知道如何才能解决这个问题，而理论上知道，半导体中的电子流是能够控制的。”“我们决定研究半导体材料中的锗和硅，因为认识这些元素的物理性质要比认识半导体化合物容易得多，而且锗和硅在第二次世界大战中，在雷达用的检波器中已得到相当广泛的应用，于是我们便开始研究硅和锗块的表面性质。肖克莱提出了向半导体薄膜施加横向电场来控制电流（即场效应放大），但在初期实验中却未能观察到这种控制效果，布雷登和我试图通过锗的表面来观测这种控制效果，在观察过程中，却发现了可调制半导体的传导率的新方法，即从适当的接点输入电流的方法，这种方法的发现，在 1947 年产生了最早的晶体管。后来，随着半导体技术的发展，肖克莱提出利用场效应的方法也实现了。在发明晶体管以后的一段时期内，我们又集中精力进行了半导体装置和半导体的基础研究。当初为研制和生产半导体装置而制造的高纯度的或者说经过严格控制的单晶硅和锗，对半导体各种性质的基础研究，起了极其重要的作用。随着半导体理论研究的深入和发展，半导体的许多性质在理论上和实验上逐渐获得了定量上的一致，以后逐渐深入，最后建立了半导体理论。”在半导体理论和实验研究的过程中，又出现了半导体电子学技术新领域，每隔一两年半导体技术就有新的突破。

根据约翰·巴丁的观点，我们绘制出如图 3-2 所示的生产发展图。

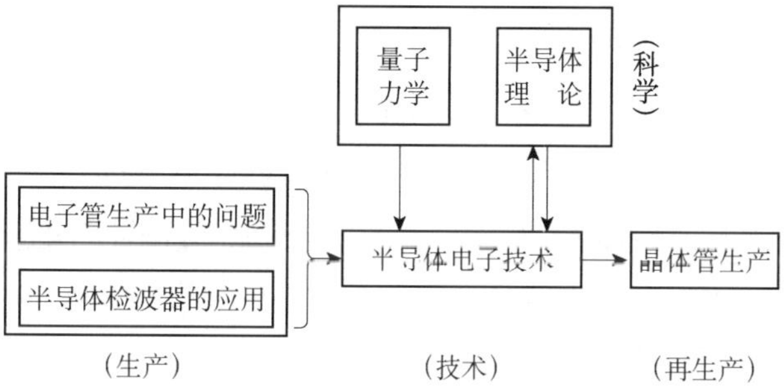

图 3-2　晶体管科技生产发展图

资料来源：彭运芳. 2009. 新编技术经济学. 北京：北京大学出版社

由此可见，半导体电子技术并不仅仅来源于科学理论，而首先是从综合电子管和半导体检波器这两方面生产实践的经验和问题开始的。至于半导体纯度对性能的许多影响，人们在长期生产和使用半导体检波器的实践中已经有所发现，这对科学家重视半导体在高纯度下的性能变化是有启发的。特别值得注意的是，巴丁十分明确地指出，半导体的基础研究是在晶体管发明之后才开始的，而半导体理论则是伴随着半导体技术的发展而建立和完备起来的。这就有力地说明了生产是科学、技术的起点和归宿的论断的正确性。当然，在这里，并不想简单地将科学、技术分出一个主次地位。但从上面的理论分析及实例剖析中，至少可以明确两个观点：生产是科学、技术的起点和归宿；在科学与技术两者之间，技术较之科学对生产起到更直接的作用。

第四节 科学与经济密不可分

一、科学与经济的相互联系、相互影响和相互制约

第一，科学理论的发展与技术生产是互相促进的，即科学理论不断转化为技术，技术发展反过来对科学提出需要及提供研究手段。科学理论虽然会随着人们对自然认识的深化而发展，但是如果缺乏社会需要和技术生产对它的促进，那么，它们就很难使人们对自然的认识转变为一种广泛的社会活动。同样，技术的生产如果没有科学理论的指导和促进，单单依靠自身的积累也不会出现革命性的发展。

第二，人们的经济生产活动是科学技术发展的基本动因和源泉。同时，它也制约着科学技术的发展。人们的经济生产活动主要从两个方面推动科学技术的发展。一方面是对劳动工具的改革，以及对工艺和劳动技能中的成功经验加以概括、总结，以便扩大应用，这样就推动了科学技术从经验向理论的发展。另一方面，生产技术的进步，又提出了许多需要研究和解决的课题，推动着科学技术的发展。经济生产活动对科学技术的制约是由一个国家和地区科学技术发展的规模、状况决定的，归根结底取决于这个国家和地区的社会经济生活在多大程度上需要科学技术，而科学技术又在多大程度上能够满足社会经济生活的这种需要。

第三，一方面，人们经济活动的社会需要促进了科学技术的发展，促使人们对自然规律的认识迅速转变为一种广泛的社会活动，转变为一种直接的生产力；另一方面，科学技术的发展状况也制约着人们的经济生产活动，影响着一个国家和地区的经济发展。这主要是因为生产力的提高，特别是现代生产力的提高，在很大程度上取决于科学技术的进步，取决于科学技术对生产力的三大要素的改造状况。只有通过科学技术的发展来改善劳动力素质，扩大劳动对象范围，把劳动资料的变革转移到技术的基础上，才能极大地提高劳动生产率，促进经济的增长。

通过科学理论转化为技术及技术发明转化为生产，构成科学理论生产对技术生产、技术生产对经济发展的巨大促进作用。同时，人们的经济生产活动对技术

生产提出迫切的需求，技术生产对科学理论生产提供设备手段和需求压力，使得科学、技术、经济的发展在这种互相促进、互相影响、互相制约的社会过程中不断加速。同时这也就是科学、技术、经济协调发展的机制。

科学发展的决定性因素是物质因素，即社会经济的需求，这是科学发展的主要动力和源泉。贝尔纳在他的《历史上的科学》一书中反复强调这个历史唯物主义的观点。因为促使科学技术进步的那些条件只有在社会和经济发展的各个时期才具备。那时，经济和社会才会提出各种各样的问题刺激科学技术不断从事新的探索研究活动。当然，尽管社会经济实践的需求推动着科技进步，但科学技术能否解决这些问题及解决到什么程度，还要看科技本身发展的进程。因此，可以说，只有科学技术内部因素和外部因素相互作用时，科学技术才能实现真正的飞速发展。尽管科学技术本身的初次滋长是经济和政治诸因素相互作用的结果，但科学技术可以发展和转变成为社会生产力中不可缺少的部分，成为人类社会生活中不可分割的部分，成为一个国家巩固经济和政治力量的一种手段。因此，一个国家能否充分利用自己的知识资源来促进科学技术，促进科学技术成果的推广和应用，就成为它能否存在或发展的关键。科学技术对经济、社会的影响表现在：科学技术的新进展，使生产方式发生根本的变化；科学技术的新思想、新发明，对当时的意识形态产生强大的冲击。这就是说，科学技术，不仅能发展生产，而且对社会经济发展和政治发展产生巨大影响。从科学技术的历史作用来考察，可以清楚地看到科学技术和经济、社会发展相互作用的一般规律。

科学影响创新机制，进一步说科学促进经济发展的机制是社会和经济学领域最为复杂的分析系统之一，认识的过程需要更加细致和逐步深入。

现代经济发展的特点至少已从两方面强化了科学（或者说科学技术活动）的地位：一方面是现在的生产力水平已发展到这样的程度：建立在机械、电力、工业自动化和信息技术等基础上的生产方式已取得了生产的支配地位，而在这种生产过程中对这些技术再加工利用几乎是不可能的；另一方面，产品结构几乎穷尽了靠简单再生产就可以获得的产品种类，新产品如果不靠投入研究精力的劳动和建立在科学背景知识上的分析性劳动就能被发明和发现，也同样是极为罕见的。

这两个特点也反映了科学在创新过程中所扮演的角色。但是人们以往对创新过程的论述往往存在着两个方面的误解。一方面认为科学研究往往只是人类知识上的探索，它和经济发展仅有一些间接的长期关系，而另一方面则认为，科学研究只对那些导致革命性的重大创新起作用，这种作用是间断的，是一种不连续的过程，像质能关系的发现所导致的核能作用，像计算机的研制所导致的信息技术革命，这样的影响仅仅在一个阶段或一定条件下发生。

这两种观点都过于片面，科学本身包含在克莱因-罗森伯格模型（Kline-Rosenberg Model）中作为科学的研究和作为科学的知识积累两个方面，作为知识的积累对创新的作用是更为直接的。近年来，越来越多的企业向科研机构委托课题和产品的开发、设计任务，这些任务更多的是对现有知识的综合运用而不是去发现新的未知规律，但我们能说始于这种过程的创新不是来自于科学吗?特别是新的科研与生产在组织上和行为上合作的潮流已在世界范围内发现，它们所带来的经济上的效果和利益，也的确反映了科学对创新的直接推进机制。

另外，强调不连续性而否认科学研究本身对创新的连续作用也同样是有问题的。的确，在一些重大技术创新的背后常常有科学发现的强有力支持，但只要我们回顾一下集成电路技术被一代一代持续地更新和创新，而在每一次更新中所投入的巨大人力和财力就不会对科学研究连续推动技术创新的事实产生怀疑。并且在技术市场逐步发达、企业生产性技术水平和科技水平逐步提高的今天，科学成果运用于商业的周期只会越来越短。这样，只要有潜在的市场规模和收益率高的保证，连续不断的科学研究所得到的成果就会连续不断地被企业、企业或政府组织起来的新企业加以创新和推向市场。

二、科学技术的发展必须与经济发展相适应

科学技术的发展与经济发展相适应，是指科学技术本身不可超越经济发展的需要与可能去企求发展。不要越位，越位可能成为经济发展的阻力。必须把促进经济发展作为科学技术工作坚定不移的目标。因此，不应盲目地一味追求“高、精、尖”，不应把赶超世界先进水平作为唯一的目标，而应该根据经济发展的不

同水平和阶段，来确定自己的科研方向和重点课题。干得太早、太大、太多，都会成为经济发展的累赘，而最终损害科学技术本身。

把科学凌驾于经济之上的思想由来很久。当科学开始成为一项相对独立活动的时候，科学家就自然地产生科学具有超然的凌驾社会其他活动之上的作用的认识，而现代科学技术的社会作用更加显著，实验室的科研成果可以更快、更有效地转化为物质的生产，更使人们觉得科学是决定一切的。早在 19 世纪，德国哲学家路德维希·安德列斯·费尔巴哈（Ludwig Andreas Feuerbach，1804—1872）就曾谈到自然科学家的直接观点的作用，认为一些自然奥秘只有物理学家和化学家的眼睛才能识破。恩格斯概括这种倾向时指出："在德国，可惜人们写科学史已惯于把科学看作是从天上掉下来的。""科学—技术—财富"这一公式流传甚广。马克思和恩格斯正是针对这种流行的观点，写出了前述那些精辟的见解，辩证地阐明了科学、技术和生产的关系。

科学既然是一种知识形态，它就不得不依赖于物质形态的生产和技术，具体如下。

第一，推动科学进步的根本性动力，始终是生产、技术和社会的需要。印度科学家 S. 古普达（Saryoo Gupta）1978 年在其名著《现代科学、技术和社会》（*Science*，*Technology*，*and Society in the Modern Age*）中写道："如果社会一旦需要某种技术，那么这种事实就能促使科学大大地向前发展，即便是在十个大实验室里所开展的研究工作，也未必能产生这样的动力。"他从研究现代科学技术的发展中所得出的结论，只不过是重复了 100 年前恩格斯早已说过的类似的话。一般说来，在多数情况下是技术产生科学，只有少数情况下才是从科学发展到技术。

第二，现代科学的顺利发展，必须依靠先进的实验技术和设备，而这些技术设备的制造和应用，又离不开强大的工业基础。

第三，科学只有在具备相应的技术和生产条件下，才能转化为直接生产力，才能对经济发展起巨大的作用，也才能更好地发展自己。1928 年，亚历山大·弗莱明（Alexander Fleming，1881—1955）就在一次偶然的观察中发现了青霉素，但当时磺胺当道，社会不需要它，同时没有找到适当的工业生产方法，只是一篇论文藏之于图书馆的资料堆中。直到第二次世界大战时，磺胺药因为细菌产生抗药性而效力锐减，无法满足救治伤员的需要，科学家们才又重新想起这一发现。但是，当时在英国不具备相应的技术和生产条件，霍华德·华特·弗洛里（Howard Walter Florey，1898—1968）等不得不到美国去实现青霉素的工业生产，从而掀起了一系列抗生素科学研究的高潮。在这里，我们还要特别指出工艺和管理的意义，它们在工业大生产方面的作用是决定性的。苏联莫斯科机械科学研究所发明的K射线显微镜，性能优于西方同类产品，可是当安排给列宁格勒[①]一家工厂生产时，质量很差，这个设备的性能就完全被削弱了。法国制造商协会拉巴多敏锐地指出："苏联人知道怎样搞出质量，他们也知道怎样进行大批生产，他们的困难是不知道怎样保持大批生产的质量。须知，研究和研制有限几台样机所需的知识（科学和设计技术）与大批量生产所需的知识（制造工艺和生产管理）是非常不同的，这里存在着巨大的技术差距。不缩小这个差距，科学是没有效用的。"

可见，单纯重视科学，而忽视相互的技术和生产条件，是无益于经济与生产的发展的。下面我们以日本和英国的情况为例，进行系统的剖析。

第二次世界大战后的日本经济濒于破产，国民生产总值只有战前的一半，而工业生产的产值只有战前的20%，工业设备一半被破坏，另一半也陈旧不堪，全年有三分之一的时间因故障停产。但是，20世纪50年代以后，日本经济持续高速发展，国民经济增长率是资本主义国家最高的，现在已成为资本主义国家中的第二经济大国。而英国则相反，战后经济生产每况愈下，经济增长率在发达资本主义国家中居于末位。1950年，英国工业总值占资本主义世界的比重为8.6%，仅次于美国。但是，1960年被联邦德国超过，1970年又被日本和法国超过，退居第五位。目前，在人均国民生产总值方面，已名列西欧7个工业发达国家中的倒数第二，表3-1是日本、英国两国第二次世界大战后经济增长率的对比。

之所以出现这样鲜明的对比，原因当然是复杂的，但是，科技战略和政策的得当与否，不能不是一个重要的因素。下面，我们仅就科学技术这个因素做一些分析。

---

① 后改名为彼得格勒。

表 3-1　日本、英国第二次世界大战后经济增长率对比　（单位：%）

国别	1955～1960 年	1960～1965 年	1965～1970 年	1970～1975 年
日本	8.9	10.1	12.1	6.8
英国	2.5	3.3	2.3	2.3

资料来源：据 1976 年《联合国统计年鉴》

英国经济增长落后于日本，是因为科学落后吗？否。英国一直是科学最发达的国家之一。它自 16 世纪以来，培养了像牛顿、查尔斯·罗伯特·达尔文（Charles Robert Darwin，1809—1882）、法拉第、亨利·卡文迪许（Henry Cavendish，1731—1810）、汤姆逊、詹姆斯·克拉克·麦克斯韦（James Clerk Maxwell，1831—1879）这样一些具有世界声誉的科学家。进入 20 世纪后，英国诺贝尔科学奖获得者的数量也始终名列前茅。第二次世界大战后，尽管在获奖者的绝对数方面已被美国超过，但以人口平均而言，英国仍是获奖最多的国家。而日本尽管以卓越的产品和精湛的技术驰誉世界，但是至今在科学方面，仍然是一个“弱”国。英国经济增长落后于日本，是因为科研投资太少吗？否。从两国科研经费占国民生产总值的比重来看，尽管在 1963～1975 年，英国从 2.3%降到 2.1%，而同期日本则从 1.496%增到 2%，但是，日本科研投资的比重仍未超过英国。不过，若从两国科研经费的增长率来看，在 1961/1962 至 1968/1969 年期间，英国平均年增长仅 4%，而同期日本却平均年增长 21%。之所以出现这样大的差距，是因为日本经济增长的速度比英国快得多。所以，与其说英国经济衰落是由于科研投资太少，毋宁说英国科研投资不足是由于英国经济衰落。

英国经济增长落后于日本，是因为在三类研究的投资比重上基础研究过大而应用研究、开发工作过小吗？否。日本在 20 世纪 60 年代基础研究的投资比重是相当大的，例如，在 1966 年竟占到 25.7%，以后逐步减少，到 1975 年占 14.3%，相应地应用研究占 21.6%，开发工作占 64.3%，而英国在 1967 年三者的比例分别是 11%、24.6%、64.5%。可见，日本基础研究的投资比重较之英国还更高些。

那么，英国的科学技术究竟在哪些方面不如日本，导致经济增长率落后的呢？分析表明，主要有以下三个方面。

第一，在科技研究方向上，日本致力于提高市场竞争能力的应用技术，而英国则干得太早太大。

日本、英国两国的研究方向受不同传统理论的指导。日本一贯号称“技术立国”，正如英国下议院科学技术特别委员会 1979 年赴日考察报告所指出的那样：日本的成功“首先在于举国上下一致把技术的开发利用作为日本经济复兴的必由之路”。而在英国，长期以来传统的理论则是“科学乃技术之母”，正如英国工程技术调查委员会 1980 年的一份调查报告所指出的那样，英国长期存在着重科学、重艺术而轻视工程技术的倾向。正因为这样，两国的科学技术研究方向也就大相径庭了。在日本，科学技术的研究重点在于应用技术，尤其着重于生产技术。正是由于日本重视应用研究，掌握了这三类技术，再加上相应的应用基础研究的储备，它才能大量引进国外先进技术而充分地加以消化，与自己的技术相结合，并不断改进，形成更先进的技术，促进经济生产的发展。

日本在现代化关键阶段——1950～1973 年，共花费了 43.6 亿美元，引进 21 863 项外国技术，占世界第一位。日本不是单纯地为使用而引进，更重要的是为研究而引进。日本引进了炼钢技术，各大企业就联合组成研究所进行消化和改进。据统计，1957～1961 年，日本钢铁工业每花一日元引进技术，在国内就用 2～3 日元来研究，这种研究机构，日本称之为柔性研究所。其他像化工乙烯生产技术的发展等，都采用了这种柔性研究的办法。随着日本技术能力的提高，单纯引进外国技术的比例逐步减少，据对日本企业技术来源的调查，1969 年（调查 1216 家公司）纯引进外国技术的比重为 13%，到了 1976 年（调查 645 家公司），就减为 4.8%。到 1976 年时，靠改进外国技术、靠自己力量及通过其他途径（如从国内其他公司引入）达到国际先进水平的比重，则分别为 37.5%、51.8%和 5.9%。可见，日本不仅重视从外国引进技术，更重视自己独立的研究。把学习外国同自己研究结合起来，在国外先进技术的基础上提高，这是日本科技研究的一个重要特点。

然而，英国的情况就不同了。英国政府科研投资的重点是在国防、核能和空间技术等“大科学”方面，而对市场需要的新产品的研制和对有发展前途的新技术的工业应用等问题，则有所忽视。他们往往片面地追求科学技术本身的先进性，却对经济发展的现实需求注意不够。大科学占去很大部分的费用。英国科学家在

20 世纪 70 年代曾集中力量攻关有轨气垫列车、E 核计划、宇航飞船等大科学领域，但并不是很成功。

由于日英两国对应用技术研究的认识和做法不同，两国技术发展能力的对比发生了明显的变化。据《日本科学技术厅白皮书纲要》（1977 年）计算，如以美国的技术发展能力为 100 的话，那么，在 20 世纪 60 年代后期，英国为 17.4，日本为 14.6，而到了 20 世纪 70 年代早期，英国仍只有 18.4，日本却已上升为 30.0 了。

第二，在科技研究体制上，日本的科技研究主要在企业，而英国企业的科技研究则较薄弱。

从科研经费的来源看，1963～1975 年，日本政府投资所占的比重最高也不过 30%，就是说企业投资占 70%，而英国政府投资则一直占 50%强。英国企业科技研究弱于日本，从制造业中研究与开发费用占企业投资的比重来看，更为明显。日本制造业研究与开发费用，从 1963 年占企业投资的 2.2%，增长到 1973 年的 3.6%，而英国则多年来微乎其微，直至 1973 年也不过占 2%。

从科研人员的分配看，1971 年日本科研人员（不包括助理研究人员、技术员和行政人员）总数为 19.4 万人，而同年英国仅为 4.36 万人，在日本 19.4 万名科研人员中，来自独立研究所的占 12%，大专院校占 30.796，企业公司占 57.2%。1977 年，日本大学研究机构有 604 所，政府研究机构有 1305 所，企业研究机构有 16 000 所以上。可见，日本科研人员的主要部分在企业。而英国，在企业和工程技术领域内人才日益缺乏，难以把富有才华和创造精神的青年吸引到那里去。英国下议院科学技术特别委员会在赴日考察报告《英国的教训》中指出："在英国，进入制造业的大学毕业生，比例较小，这是英国经济发展落后于日本的一个原因。英国企业的科技研究薄弱，在相当大的程度上导致它在设备更新、技术改造及劳动生产率等方面大大落后于日本。

第三，日本很重视通过正确的科技政策和合理的管理来发挥科学技术对经济的作用，而英国长期以来对此有所忽视。

日本政府很重视科技政策的制定和贯彻。日本学术会议[①]，是政府在科技方

---

① 日本学术会议（Science Council of Japan）前身是于 1920 年成立的学术研究会议。

面的顾问咨询机构。1955年日本经济开始大发展，第二年就设立了科学技术厅。为了及时掌握国外科技情报，开展科技协作，该厅向美国、英国、德国、法国、苏联等国派驻科技专员。1959年更进一步成立由总理大臣直接领导的科学技术委员会，它的主要任务是制定全国科学技术总方针和长远科研规划的目标。这就是说，把科技政策的研究与制定放在政府最高一级层面上。更重要的是这个委员会的组成，它的10名成员包括大藏大臣、经企厅长官、文部大臣、科技厅长官、学术会议会长和5名专家，依靠专家与行政长官，科学技术与财政、金融、生产、教育等的结合，使科学技术的发展有机地纳入国民经济发展的大系统之中。该委员会下设五个组，分别负责编制远景规划，修订科研法案，制定科研的主要方针和培养科技人才的政策，以及进行情报交流和国际合作等。每个组均有各研究机构和企业公司的代表参加，使科学技术同经济生产的关系进一步密切了。日本政府投资在总的科研经费中所占的比重不大，远低于其他工业发达国家，而它之所以能对全国科技发展起到指导和控制作用，是由于它除了运用经济手段，还充分利用掌握全面的市场和科技情报这一有利条件，大力开展预测研究，并根据预测的结果制定相应的政策和规划，以此影响各私营企业和机构。例如，日本科学技术厅在1970年和1976年进行过两次大规模的德尔斐法预测，预测的范围几乎包括所有技术领域，每次收集1000多名专家的意见，这是任何私营企业无法办到的。

英国的情况就大不相同，英国政府迟至20世纪60年代才设立首相府总科学家。但由于只依靠对个别权威科学家的咨询，所以无法全面考虑科学技术同国民经济发展的复杂联系。最后一任总科学家考垂尔，虽是国际著名的冶金物理学家，但并不太懂经济和管理，引起了广泛的批评，被称为钻“象牙塔”的学者。到20世纪70年代初，改设首相府科学家顾问办公室，目前成员有20人，发挥了科学家集体智囊的作用，这无疑是前进了一步。可是，它仍然主要反映科学家们从科技本身出发的见解，而不像日本那样综合科学技术、财政金融、生产、教育等方面的因素从总体上进行决策。尽管英国在20世纪60年代就成立研究委员会来协调全国科研，但协调的结果还是始终强调基础科学，以科学为基础发展工业，而企业的技术革新并未得到加强。

日本企业十分重视提高经营管理的水平，他们采取切实措施，把科学家和工程师出身而又经过训练胜任经营管理的人才不断提拔到领导岗位上来，逐步增加这一类人在经营管理队伍中的比重。第二次世界大战前，日本企业的经营管理者主要是财阀和一些学法律、经济专业的人士，第二次世界大战后，科技人员出身的经理越来越多，因为他们认为："在技术革新的时代，处于领导地位而不懂技术，就不能进行经营。"据日本的公益财团法人日本生产性本部（Japan Productivity Center，JPC）对 100 多家大中小企业的调查，企业高级职员出身技术系统的，在 1959 年为 32%，到了 1963 年，就上升到 41.6%。而在 20 世纪 70 年代，据对日本一些大公司的调查，科学家和工程师在委员会一级任职的占 67.9%。由于企业领导层中有相当多的以至多数的成员是熟悉技术的管理专家，他们就能够有效地使用企业提供的科研费用使企业的产品在世界市场上具有更低的竞争价格和更高的竞争质量。

而英国企业由于守旧，始终不重视改进经营管理，尤其不重视吸收科学家和工程师参加经营领导层。20 世纪 60 年代末，经济管理问题虽已引起英国的注意，国家成立了经济发展委员会并建立了一系列经济管理机构，经济管理学校更如雨后春笋般出现，但问题在于强调管理而忽视经营，特别注重会计人才的培养，而忽视高级经理这样的领导层的培养与再造。1979 年，英国下议院科学技术特别委员会赴日考察小组的报告写道："英国工业界雇佣的科学家、工程师和其他技术上称职的人数，比日本少……而充任英国企业中行政管理人员的大学毕业生，为数之少简直令人吃惊!"这样的企业经营层的知识结构，当然不能很好地重视和有效管理企业的科研和技术开发了。

三、发展科学技术工作必须遵循经济规律

科学与经济的关系不仅表现在科学技术工作必须为经济建设服务，同经济发展相适应，还表现在科学技术工作的本身，必须遵循经济规律、价值规律，否则，再好的科学发现和技术发明也无法转化为社会生产力，"科学技术是生产力"就只能是一句空话。因此，我们必须对科学技术管理体制及管理方法进行必要的研究，通过实践总结出若干行之有效的措施，使科学技术工作真正做到符合经济规律，以

促进整个科研事业的发展。改革科研管理体制的根本之点，是在于随着经济体制改革的进展，逐步把科研的主要部分放到企业中去，使研究和发展工作成为企业的一个有机组成部分。只有这样，才能从根本上解决科学技术和生产的结合问题。

从科学技术的历史作用来考察，可以清楚地看到科学技术和经济、社会发展相互作用的一般规律。

在古代（15 世纪以前），人类开始懂得石、铜、铁的有效利用，开始创造火、陶器、纺织、轮子和船舶，但这些都是技术的成就，不能归功于科学。甚至眼镜、火药和印刷术，也大致是实践的成果。这一时期的科学发展是不自觉地几乎完全受制于社会，并曾长期被视为社会的异己而受到压制。

到了近代（15～19 世纪），随着资本主义的产生和发展，近代自然科学诞生，并逐步建立起完整的体系，科学对社会的作用也越来越明显。17 世纪，科学成功地解决了航海所需要的力学和天文学问题，间接影响了生产。18 世纪初期，科学以蒸汽机提供原动力给工业，但这种工业那时大多建立在传统技术基础上，有赖于科学的地方很少。到 19 世纪末，完全奠基于科学的新型工业才开始兴起。如化学工业和电机工业，同时，科学也开始渗透到手工业和农业中去，从而由小规模工业的自由竞争，转向实现技术发展的庞大的垄断企业。

到了现代（19 世纪末至今），科学技术应用的规模日益增长，且由于战争和备战的需要，科学同一个国家的经济和政治力量更加密切地联系起来。而在新建的社会主义国家里，每项建设计划都建立在有效组织运用科学技术的基础上。20 世纪以来，科学已成为对人类历史发展前途和国家兴亡、世界未来起决定作用的一种力量。而且，各种科学观点一经系统化，形成条理，就回到人类思想总汇中去，成为各个历史时期思想解放的先导。

四、经济发展离不开科学

科学（包括技术）与经济是现代社会的两大重要支柱。从系统的观点来讲，经济是大系统，科学是经济系统的一个子系统，几乎很少有与经济无关的科学技术，这是人所共知的。因此，必须研究科学发展规律和经济规律的相互关系和相互作用，从而使科学技术为发展经济服务，反过来，经济的繁荣又为科学技术的发展创造有利条件。两者相辅相成，互为因果。

发展经济的需要对技术进步提出需求，而科技系统通过技术创新满足这种需求，这种目的的明确性和解决问题的直接性使科技与经济有机地结合在一起，对于推动社会经济发展来说，这种结合是效率最高的，对于推动科技进步的自身来说，作用力也是最大的。有人对 1953～1973 年美国主要技术革新的来源进行过调查，美国技术领域中 80%的新思想来源于企业内部，其中 3/4 来自生产部门；来自政府科研机构和大学的不到 5%。对欧洲的有关研究也得出类似的结论，70%的革新思想来自企业内部。应当看到，科学技术的经济化是当今科学发展的一大趋势。如果说，19 世纪人们开始把科学和技术联系到一起的话，那么近几十年来科学与经济已密不可分地联系到了一起，尤其是在科学技术已成为第一生产力的今天，科学与经济的关系不应只是一种“面向”与“依靠”的关系，因为那终究是两张皮，而应当是一体化的关系。

第四章

教育发展与世界科学中心的形成和转移

近代科学始于 14～16 世纪，伴随着文艺复兴而诞生。它始于意大利，并扩散到欧洲其他国家，自此，世界舞台发生了一次又一次科学中心的转移。伴随科学中心的发展壮大，并引起科学中心转移的最重要因素是教育的发展，正是世界教育中心的转移，才促进了世界科学中心的转移。

第一节　世界教育中心与世界科学中心

一、科学与世界科学中心

（一）科学的内涵与特征

科学的本质是知识，但又不是普通的知识，是系统化了的知识，是运用范畴、定理、定律等思维形式反映现实世界各种现象的本质和规律的知识体系，是社会意识形态之一。科学也可以形象理解为客观存在及其变化的规律，再经过意识的思考整理，准确表述为知识，而这样的知识可以为他人所学习和掌握并可按其表述的条件验证其表述结果的正确性。科学的表述应该是准确、清晰、无歧义，在同样的条件下，所描述的现象与结果与客观实际吻合。同样，只要我们以技术手段复观科学的条件，必然会得到一致的现象与结果。

科学首先要具有客观性。科学所研究的对象一定是客观的，结论要符合客观实际，从知识的表述角度来看，科学符合知识的客观性，但科学的表述更要求准确性和无歧义，为此，在一般交流语言的基础上，不同的学科又发展出更加精确的专业术语和专业表述方式，如图形、符号、公式等。

其次，科学需要具有验证性，按照科学所表述的条件，在边界和初始条件相同时，在同一角度观察同一对象，能够得出同样的结论。或者通过技术实现其要求的边界和初始条件，重复实现科学所表述的结论。

再次，科学具有传承性。科学是人类知识的精华，对于人类来讲，是人类财富和智慧传承的核心。科学是永恒的，只要科学在，人类就能在此基础上组建技术体系，从而达到自己的目的。

最后，科学本身也具有局限性。科学只在给定的条件下成立，一旦出界，原来的科学就可能成为谬误。局限性的存在，并非是科学本身的问题，而是人的问题。自然科学浩瀚无边，人的研究能力却十分有限，这是造成科学局限性的根本原因。

（二）世界科学中心

科学的发展是不平衡的，如果以科学成果的数量作为衡量科学发展水平的标准，就会发现在任何一个历史横断面，往往有一个科学成果较为聚集的世界科学的地理中心；如果做纵向观，这个科学中心又不是固定在某一个国家，它会发生转移。[①]日本学者汤浅光朝利用统计资料，对科学史上的科学活动中心转移现象做了定量分析，并用图表来说明 16～20 世纪科学活动的现象，给出了有关意大利、英国、法国、德国和美国相继成为科学活动中心的明确结论。

1. 意大利科学中心

意大利成为第一个科学中心。在 16～17 世纪，除了伽利略、布鲁诺、达·芬奇等人，意大利境内还出现了一大批杰出的科学家，包括卡尔达诺（Girolamo Cardano，1501—1576，数学家）、拉斐罗·邦别利（Rafael Bombelli，1526—1572，数学家）、埃尼亚齐奥·丹蒂（Egnazio Danti，1536—1586，地学家）、卡瓦列利（Cavalieri，1598—1647 数学家）、埃万杰利斯塔·托里拆利（Evangelista Torricelli，1608—1647，物理学家）、维维安尼（Vincenzo Viviani，1622—1703，物理学家）、德·诺瓦拉（de Novara，1454—1540，天文学家）、克萨皮纳斯（Caesalpinus，1519—1603，生物学家）、达塔格里亚（Tartaglia，1500—1557，数学家）、西蒙·斯台文（Simon Stevin，1548—1620，数学家、物理学家）、费拉利（Ferrari，1475—1546，数学家）、舍萨平尼（A Cesalpino，1519—1603，生物学、医学家）等，他们分别在天文学、力学、数学、物理学、生物学等学科领域中取得了一系列重大科学成果。

2. 英国科学中心

在种种因素的综合作用下，英国成为第二个科学中心。17 世纪，弗朗西

① 杜雄柏. 2000. 论世界科学中心的转移. 湘潭师范学院学报，07：21-24.

斯·培根（Francis Bacon，1561—1626）提出了“知识就是力量”的口号，大力倡导将科学应用于社会的思想。英国皇家学会也于 1662 年成立，标志着科学活动获得了官方承认（不过皇家学会还主要是靠会员费维持运作，并没有得到政府的资助）。皇家学会吸收本国有成就的科学家成为学会成员，促进科学家之间的合作与共同攻关，并且出版自己的杂志，发表会员取得的研究成果，科学研究工作第一次被组织起来，获得了快速的发展。在皇家学会周围云集了牛顿、吉尔伯特（William Gilbert，1544—1603）、胡克、波义耳、哈雷、威廉·哈维（William Harvey，1578—1657）等一大批科学家。以牛顿为代表的一代科学家将自意大利以伽利略为代表的科学家所开创的实验科学传统进一步发扬光大。皇家学会内建立了实验室、机械室、光学室、图书馆和天文台，并配备了各种仪器和装置，如望远镜、显微镜、钟表、风力计、温度计、磁力仪、水速仪和解剖器具等，英国科学空前繁荣。

3. 法国科学中心

法国科学强有力的进步主要在于法国革命的促进。18 世纪末，科学中心转移到了法国。法国当局任命一大批科学家为革命政府的重要官员，创办了一系列新的军事院校、医学院校、技工学校和综合性大学，如巴黎综合理工学院、巴黎高等师范学院等。其间，还对皇家科学机构，如巴黎科学院进行改造，使之从宫廷走向社会，院士们成了真正的职业科学家。

在一系列的改革中，法国在天文学、数学、物理学、化学等多个领域形成了一大批科学成果，也培养了在世界上具有重要影响的科学家队伍。在天文学领域取得重要成就的有布丰、查尔斯·梅西耶（Charles Messier，1730—1817）、约瑟夫·拉格朗日（Joseph-Louis Lagrange，1736—1813）、阿拉果（Arago，1786—1853）。在数学领域中有拉格朗日、让·勒朗·达朗贝尔（Jean le Rond d'Alembert，1717—1783）、拉普拉斯、蒙日、柯西（Cauchy，1789—1857）、让·巴普蒂斯·约瑟夫·傅里叶（Jean Baptiste Joseph Fourier，1768—1830）、埃瓦里斯特·伽罗瓦（Évariste Galois，1811—1832）等，他们分别在变分法、概率论、微分几何、复变函数、偏微方程、级数、函数论、群论等数学的多个领域里做出了开创性的或者奠基性的工作。物理学领域，达朗贝尔在 1743 年提出了达朗贝尔原理；莫培督（Maupertuis，1698—1756）提出最小作用原理；拉格朗日建立了解决动力学问题的欧拉-拉格朗日方程并引进重力函数的概念，于 1788 年出版了他的《分析力学》；拉普拉斯提出了拉普拉斯方程。此外，盖-吕萨克、查理（Jacques Alexandre Cesar Charles，1746—1823）、拉普拉斯、杜隆（Dulong，1785—1838）、帕松（Poisson，Simeon-Dnis，1781—1840）、傅里叶、西莫恩·德尼·泊松（Simeon-Denis Poisson，1781—1840）、克拉贝龙（Clapeyron，1799—1864）、尼古拉·莱昂纳尔·萨迪·卡诺（Nicolas Léonard Sadi Carnot，1796—1832）、马吕斯（Etienne Louis Malus，1775—1812）、阿拉果、奥古斯汀-让·菲涅尔（Augustin- Jean Fresnel，1788—1827）等在热力学和光学等方面都做出重要的贡献。

4. 德国科学中心

19 世纪下半叶，德国成为科学中心。这一时期，实现了第二次科学理论的大综合，发生了以电气化为主要特征的第二次技术革命，以及以电的广泛运用为标志的第二次产业革命。值得指出的是，在德国出现了两项重大的体制创新：一是教育与研究的结合，研究生教育、研究型大学开始出现；二是科学与产业的结合，产业实验室也开始出现。于是，科学与教育、科学与技术、科学技术与工业发展发生了密切的联系，科学技术是生产力这一特性开始显现，科技、工业和社会发展的互动更加明显。德国主要的科学成就如下。①在化学领域，1828 年，维勒发表《论尿素的人工制成》，成功合成尿素，这是有机化学发展的突破，使“生命力”论受到致命打击。②在生物学领域，施莱登（Matthias Jakob Schleiden，1804—1881）和施旺（Theodor Schwann，1810—1882）创立细胞学说。③在物理学领域，1895 年，威廉·康拉德·伦琴（Wilhelm Konrad Rontgen，1845—1923）发现 X 射线；1900 年，普朗克提出量子概念；1905 年，爱因斯坦提出相对论。这一时期，在德国科学界出现了许多个“第一”：洪堡德第一个提出比较地理学，罗伯特·迈耶（Robert，Mayer，1814—1878）和海尔曼·霍姆霍兹（Hermann Helmholtz，1821—1894）霍兹第一个提出能量守恒定律，施莱登和施旺第一次提出细胞学说，格奥尔格·康托尔（Cantor，1845—1918）第一个创立集合论，威廉·冯特（Wilhelm Wundt，1832—1920）第一个创立实验心理学，维勒第一个合成有机尿素，李比希第一个把化学成果应用于农业。

5. 美国科学中心

第一次世界大战之后，美国成为最强大的资本主义国家。利用第二次世界大战，美国从德国、意大利等战败国引进大量顶尖科学家，逐渐走上科技全面发展的轨道。爱因斯坦、弗兰克（James Franck，1882—1964）、费米等，都是被迫流亡到美国的。这些人到美国后，为美国的科学事业做出了宝贵的贡献。在天文学领域，斯莱弗（Slipher，1875—1969）1912 年发现河外星云光谱有普遍的红移现象；哈勃 1929 年提出哈勃定律；乔治·伽莫夫（George Gamow，1904—1968）在 1948 年前后提出热大爆炸宇宙模型；彭齐亚斯（Penzias，1933—　）和罗伯特·威尔逊（Robert Wilson，1936—　）1964 年证实了大爆炸理论的一个重要预言，使该理论模型成为标准模型。在地质学领域，达顿（C. E. Dutton，1841—1912）1889 年提出地壳均衡理论，哈里·哈蒙德·赫斯（Harry Hammond Hess，1906—1969）等 1961 年提出海底扩张理论。在物理学领域，李政道、杨振宁在 1956 年否定了弱相互作用下宇称守恒定律，谢尔登·格拉肖（Sheldon Lee Glashow，1932—　）、斯蒂芬·温伯格（Steven Weinberg，1933—　）于 1691～1968 年先后提出弱相互作用与电磁统一理论，默里·盖尔曼（Murray Gell-Mann，1929—　）1964 年提出“夸克”粒子理论。在生物学领域，摩尔根（Thomas Hunt Morgan，1866—1945）发现染色体的遗传机制；列文证明核酸有核糖核酸和脱氧核糖核酸两种；艾佛里（O. Avery，1877—1955）证实了 DNA 是遗传信息的载体；后来，詹姆斯·杜威·沃森（James Dewey Watson，1928—　）等提出 DNA 分子结构模型；1954 年，伽莫夫提出基因遗传的三联密码假说并被证实。在系统科学领域，克劳德·艾尔伍德·香农（Claude Elwood Shannon，1916—2001）发表“通信的数学理论”，标志着信息论的诞生，同年诺伯特·维纳（Norbert Wiener，1894—1964）出版《控制论》、贝塔朗菲（Bertalanffy，1901—1972）出版《生命问题》，提出一般系统论。

二、教育与世界教育中心

（一）教育的内涵与特征

1. 教育的内涵

教育具有双重含义，广义的教育指一切有目的的影响人的身心发展、增进人的知识与技能、影响人的思想品德的社会实践活动；狭义的教育指专门组织的教育，它不仅包括全日制的学校教育，而且包括半日制的、业余的学校教育，函授教育，刊授教育，广播学校和电视学校的教育等。它是根据一定社会的现实和未来的需要，遵循年轻一代身心发展的规律，有目的、有计划、有组织、系统地引导受教育者获得知识技能，陶冶思想品德，发展智力和体力的一种活动，以便把受教育者培养成为适应一定社会（或一定阶级）的需要和促进社会发展的人。

2. 教育的特征

教育具有三大主要特征。

首先，教育是一种人际交往系统，由交往双方的主体构成。教育作为一种特殊的社会系统，由人与人之间的交往构成，作为交往双方的主体因其任务、地位、作用及规范行为不同，扮演着不同的"角色"，具有不同的职能及称号。这通常称为"师与生"或"教与学"或"教育者与受教育者"。

其次，教育系统以经验传递、造就人才为主要内容。人际交往系统就其内容与职能来说是多种多样的。教育这一人际交往系统同其他的人际交往系统是不同的。教育主要是以经验传递、造就人才、提高人的素质为主要内容的人际交往系统。

最后，教育系统以促进人类个体社会化、满足社会的存在与发展需求为根本职能。从教育系统的职能方面来说，其根本职能在于促进人类个体的社会化，以满足社会的存在与发展需求。所谓人类个体社会化，指人由生物实体不断改变为一个能较好地适应发展着的社会生活要求的社会实体，从而使个人与社会一体化的过程。人类个体社会化的根本含义在于使人能适应发展着的社会生活要求，而这种适应是通过能力与品德的形成与发展而实现的。教育系统就是通过知识、技能与规范等经验要素的传递，来促进人的能力与品德的形成和发展，从而促进人类个体社会化的。人类个体社会化使新一代人获得了参与社会生活必备的心理素质与心理特性，使人类的更新换代得以实现，为人类社会的存在与发展提供了前提。这样，教育系统就构成人类社会生活不可缺少的一种永恒存在的系统。

（二）世界教育中心

根据李铁林博士论文①，采用与汤浅光朝相类似的方法进行世界教育中心的确定，实际上，是按照某一国家在某一些时期教育家占世界教育家的比重来进行教育中心划分，标准为把一个国家的教育家数超过这些国家的教育家总数的 20%定义为世界教育中心，把教育家人数超过 20%的持续时间称为教育兴隆期，据此标准，近代以来世界教育中心转移的顺序是意大利（1410～1530 年）—英国（1600～1750 年）—法国（1650～1830 年）—德国（1770～1830 年）—美国（1830～至今）（图 4-1②）。世界教育中心转移周期平均为 130 年左右。

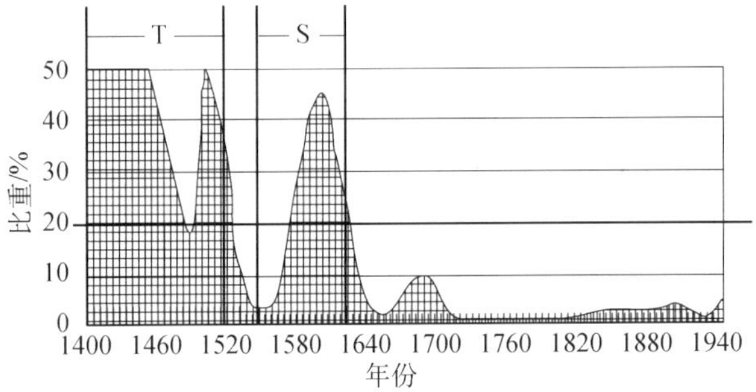

图 4-1　意大利教育家占世界教育家比重

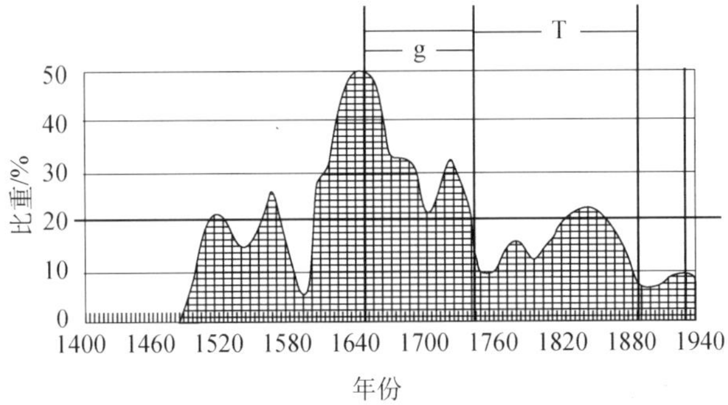

图 4-2　英国教育家占世界教育家比重

① 李铁林. 世界科学中心的转移与一流大学的崛起. 湖南师范大学，2009.

② 图 4-1～图 4-5 来自于李铁林. 世界科学中心的转移与一流大学的崛起. 湖南师范大学硕士学位论文，2009.

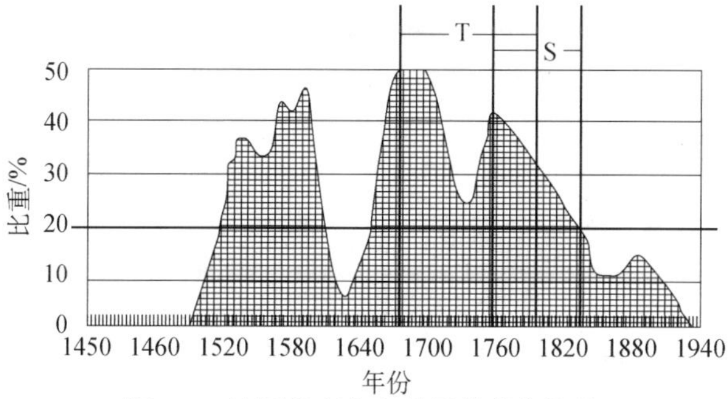

图 4-3　法国教育家占世界教育家比重

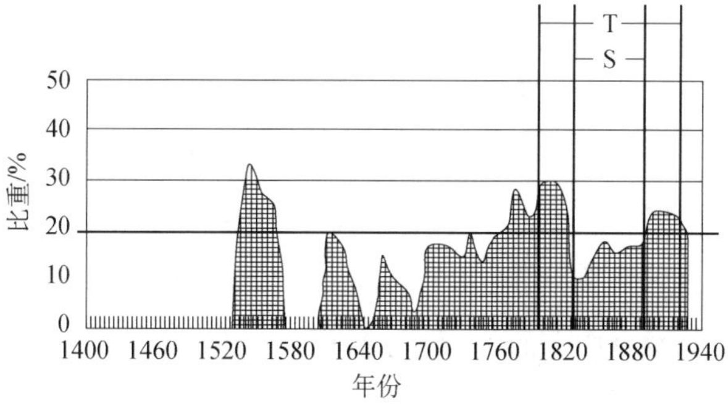

图 4-4　德国教育家占世界教育家比重

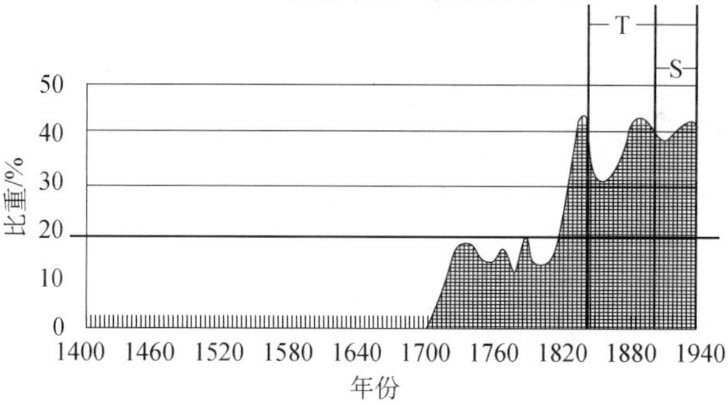

图 4-5　美国教育家占世界教育家比重

第二节　世界教育中心与世界科学中心的关系

一、教育中心是成为科学中心的前提条件

一个国家先成为教育中心，而后才成为科学中心。教育中心先于科学中心出现

的时间分别为：意大利为130年，英国60年，法国110年，德国70年，美国90年，平均为92年，教育中心时间的长短从一定程度上印证了“百年树人”这句话。

科学中心往往是在教育高峰期形成的。中世纪后期，意大利的教育在欧洲独占鳌头，12世纪初意大利就出现了大学，如博洛尼亚大学和萨诺勒大学，它们都是中世纪最早的一批大学。1540年，意大利成为世界科学中心。1640年前后，英国的教育家数量占同期世界教育家总数的比重超过50%，科学中心也于1660年到来。1670～1710年，法国的教育家数量占世界教育家总数的比重在50%以上，但随后下降，到1760年，法国教育家数量占世界教育家总数比重为44%，成为新的峰值，同年法国成为世界科学中心。1810年，德国教育家数量占世界教育家总数比值达到教育峰值，为31%，按照汤浅光朝的统计，科学中心也是这一年转移到德国来的。1850年，美国的教育家数量占世界教育家总数比值攀升到44%，随后有小幅下降，1900年再度攀升到44%，1920年科学中心转移到美国。

从科学中心与教育中心的关系可以看出，教育繁荣是科技兴旺的强大动因。在影响科学中心形成与转移的诸多因素中，教育可以说是最重要的影响因素之一。魏屹东和郭贵春[①]也认为，科学的发展离不开它所处的社会环境，社会中的政治、经济、教育、哲学等因素总是与科学相互促进、互为因果。科学中心转移现象就是社会诸因素相互作用的结果。

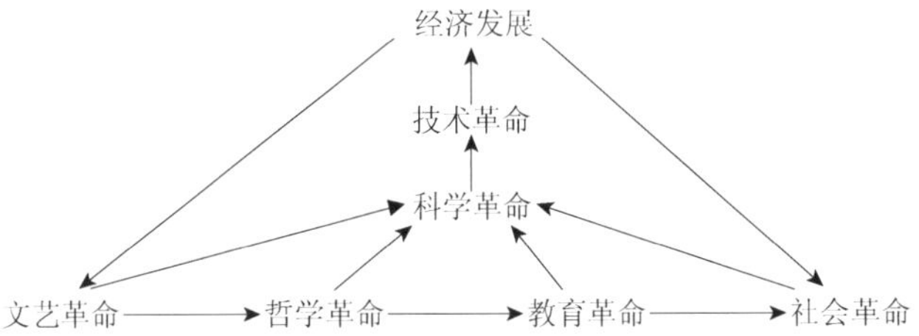

图4-6　教育革命与科技革命的关系

可见，教育革命是科技革命的基础（图4-6）。教育不仅培养了科学家，更重要的是它培植了科学精神。科学精神是探索的精神、怀疑的精神、自由的精神。纵观近代科技发展史和教育发展史，这种精神并不是在科学研究过程中产生的，

① 魏屹东，郭贵春. 2001. 科学中心转移现象的社会文化语境分析. 科学技术与辩证法，12：52-55.

它首先作为一种哲学思想存在于哲学家和文学艺术家的思想中，再通过教育家的宣传和教育成为社会思潮，然后才具体地体现于科学研究过程中，并成为科学家的信念。在科学精神还没有通过教育成为社会思潮时，科学研究的先驱所做的努力难以推动科学高潮的出现。例如，在意大利，著名文学家但丁生于1265年，但直到14世纪末15世纪初产生了弗吉里奥（Pietro Paolovergerio，1349—1420）、维多里诺（Vittorino da Feltre，1378—1446）、格里诺（Guarino Daverona，1374—1460）等人文主义教育家之后，意大利才产生第一个近代科学家达·芬奇，16世纪中期意大利才真正取得科学中心的地位。在英国，杰弗雷·乔叟（Geoffrey Chancer，1343—1400）、威廉·莎士比亚（William Shakespeare，1564—1616）、弗朗西斯·培根（Francis Bacon，1561—1626）等人把英国的文学艺术和哲学科学推上高峰，但直到约翰·洛克（John Locke，1632—1704）等人的教育思想在英国广泛传播，随后英国才出现科学技术发展的大繁荣。在法国，纪尧姆·比代（Guillaume Budé，1467—1540）、弗朗索瓦·拉伯雷（Francois Rabelais，1495—1553）、玛格丽特·德·纳瓦尔（Marguerite de Navarre，1492—1549）等是最早的人文主义者，17世纪又涌现了勒内·笛卡尔（Rene Descartes，1596—1650）、伽森狄（Gassendi，1592—1655）、马勒伯朗士（Malebranche，1638—1715）等一批哲学家，但直到18世纪上半叶经过查理·路易·孟德斯鸠（Charles de Secondat, Baron de Montesquieu，1689—1755）、伏尔泰（Voltaire，1694—1778）、让-雅克·卢梭（Jean-Jacques Rousseau，1712—1778）、拉夏洛泰（La Chalotais, Louis Ren de Caradeuc de，1701—1785）等哲学家和教育家向封建主义的最后堡垒发起猛烈的进攻之后，科学中心才于1760年姗姗到来。在德国，1517年马丁·路德（Martin Luther，1483—1546）宣布宗教改革纲领，之后戈特弗里德·威廉·莱布尼茨（Gottfried Wilhelm Leibniz，1646—1716）、康德（Immanuel Kant，1724—1804）、格奥尔格·威廉·弗里德里希·黑格尔（Georg Wilhelm Friedrich Hegel，1770—1831）等一批哲学家的出现使得18世纪末世界的哲学中心转移到德国，但直到19世纪初洪堡（Alexander Humboldt，1769—1859）、约翰·戈特利布·费希特（Johann Gottlieb Fichte，1762—1814）、弗里德里希·丹尼尔·恩斯特·施莱尔马赫（Friedrich Daniel Ernst Schleiermacher，1768—1834）等教育家所倡导的新大学运动后，德国才迅速成为世界的科学活动中心。美国亦不例外，代表美国精神的实用主义发轫于1871—1874年在哈佛大学建立的“形而上学俱乐部”，后威廉·詹姆斯（William James，1842—1910）奠定了实用主义的基础。但直到哲学家和教育家约翰·杜威（John Dewey，1859—1952）进一步发展了实用主义并将它应用于教育，发起了进步主义教育运动，1920年世界科学中心才转移到美国。

二、教育的衰落将影响科学中心的地位

从意大利、英国、法国、德国等国教育和科技发展的历史来看，这些国家总是先失去教育中心的地位，再失去科学中心的地位。例如，意大利1530年失去教育中心的地位，1620年失去科学中心的地位。英国是在1750年同时失去教育中心和科学中心的地位。法国于1830年失去教育中心的地位，1840年失去科学中心的地位。德国于1830年失去教育中心的地位，1910年失去科学中心的地位。美国在1830年成为世界教育中心，1920年成为世界科学中心之后，至今仍保持科学与教育的繁荣。

科学中心到来之后，教育曲线往往出现较大的波动，但相对值一般都能保持在10%以上，一旦失去科学中心的地位，教育曲线就再也难以攀升。1550年左右意大利的教育跌入低谷，随着科学高峰的到来，在1600年左右出现第二个教育高峰；1600年英国的教育跌入低谷，此后缓慢上升，1850年左右出现第二个教育兴隆期；法国的教育随着科学高潮的到来又逐渐衰落，再没有振兴过；德国的教育1850年左右跌入低谷，又在技术兴隆期末期再次出现教育兴隆期；美国的教育1850年出现峰值以后一直保持强势，相对值都在30%以上。

为什么科学中心到来之后，各国的教育反而出现较大的波动，并最终失去教育中心地位，从而导致科学中心地位的丧失呢？科学中心的到来标志着一个国家在一定历史时期的社会矛盾已基本解决，教育要实现的是量的增长而不是提出新的教育思想。换句话说，科学中心到来之后所需要的是教师和教学设备而不是教

育家。科学中心到来之后，教育的总量在增加，同时也在不断接近教育家们所提出的质量目标。但是，教育思想的完善之日也正是教育思想走向僵化之时。教育思想僵化之后只能培养出固定模式的人才，不能激发人的创造力。而当一个国家正在追求教育量的增长和质的完善时，新的教育中心却在学习了当时世界进步教育思想的基础上创造出新的适合本土的教育思想。意大利的文艺复兴引起欧洲第二次文艺复兴，16 世纪中叶，英国、法国和德国同时出现了一个小的教育兴隆期。法国的波峰“耸”得最高，持续的时间也最长。但拉莫斯（Pierre de la Ramée，1515—1572）、蒙旦（Eyquem Michel de Montaigne，1533—1592）等人的教育思想的创造性比起后来英国的弗朗西斯·培根和洛克要逊色得多，教育中心从意大利转移到英国。大教育家扬·阿姆斯·夸美纽斯（Johann Amos Comenius，1592—1670）的教育思想被米尔顿·弗里德曼（Milton Friedman，1912—2006）、伍德沃德（Robot Burns Woodward，1917—1979）等人接受。教育中心从英国转移到法国时，埃蒂耶那·博诺·德·孔狄亚克（Etienne Bonnot de Condillac，1714—1780)、克洛德·阿德里安·爱尔维修（Claude Adrien Helvetius，1715—1771）的观点来自洛克的感觉论，但卢梭却在感觉论的基础上提出了自然和自由教育的新思想。德国成为教育中心，康德是第一个功臣。康德自称是卢梭的弟子，但在动物本性和需要教育的人的本性之间的差异问题上却比他的老师分辨得更为明确。之后洪堡确立了现代大学的体制，并在小学推行裴斯泰洛齐（Johan Heinrich Pestalozzi，1746—1827）的教育新思想。19 世纪下半叶，德国教育家约翰·弗里德里希·赫尔巴特（Johann Friedrich Herbart，1776—1841）的理论经麦克默里兄弟（Charles McMurry and Frank McMurry）及其他人传入美国，但美国的进步主义教育中更多的是实用主义的思想。

三、教育的繁荣期影响着科学的繁荣期

从历史上看，意大利的教育兴隆期为 120 年，科学兴隆期为 80 年。英国的教育兴隆期为 150 年，科学兴隆期为 90 年。德国的教育兴隆期为 50 年，科学兴隆期为 70 年。法国是一个例外，其科学兴隆期只有 80 年，但是教育兴隆期长达 180 年。这一例外反映出这样一个事实：教育家人数的多少只是反映一个国家教

育水平的主要指标之一，并不能完全反映出一个国家的教育水平。虽然法国的教育兴隆期最长，涌现了孔狄亚克、爱尔维修、卢梭、拉夏洛泰等一批优秀的教育家，但由于缺乏教育制度的保障，其所发挥的作用是有限的。“当时的法国教育具有强烈的封建等级性，神学教育自成体系，贵族子弟也有自己的学校，无论是大学、中学还是小学，都控制在教会和各种教团组织的手中，教育内容渗透着宗教精神，古典主义盛行，忽视新兴科学知识的讲授而且敌视革命的学术思想。由于教育领导权的分散，教育的体制极不统一。”[①]相反，德国的教育兴隆期虽只有 50 年，但它的科学兴隆期只比法国短 10 年。这主要是因为早在 18 世纪初，哈雷大学就首先确立了学术自由的原则，随后创立的哥廷根大学同样坚持学术自由。到 18 世纪末，德国的所有大学都与这两所学校步调一致，现代哲学和科学的精神推广到所有的系科，科学研究自由和教学自由的原则受到普遍承认。1860 年洪堡担任教育部长之后，创办了以科学研究为主的柏林大学。洪堡和他的继任者以自由精神为指导改革了中等教育，使德国的教育走在整个欧洲的前列。

从教育中心持续时间看，教育兴隆期平均为 130 年左右，按照这一周期，美国当在 1960 年左右失去教育中心的地位。实际上，这种危险性在 20 世纪 40 年代已经显露出来，美国进步教育协会于 1919 年成立，目的是改革美国的整个教育制度，协会受到教育者的追捧，会员人数一度超过 1 万人，进步教育协会的理念影响了美国所有的学校。[②]但是在第二次世界大战以后，进步教育协会不仅成员人数减少，也几乎没有了首创精神。在 20 世纪 50 年代，进步教育协会与学校的革新已经没有多少联系了，协会更多的是讨论社会问题。但正当美国教育界仍在固守着进步主义教育理论时，来自外界的批评日益尖锐，1955 年进步教育协会解散。1957 年，苏联人造卫星发射成功，美国教育界的争论更加炽烈起来，争论的成果是科南特对美国中等教育的全面评价和联邦教育法案的出台。随之而来的是美国中等教育的迅速扩展和全面改革。近百年来，美国先后出现了进步主义、要素主义、改造主义、永恒主义、存在主义、行为主义、新行为主义、人本主

① 博伊德・金. 1985. 西方教育史. 任宝祥，吴元训译. 北京：人民教育出版社：252-258.

② 单忠惠. 1986. 美国进步教育协会的始末.外国教育资料，03：63-64.

义、机能主义、新精神分析和其他一些教育思想。这些先后出现的教育思想和教育理念，也在推动着美国的教育改革。常新常改，至今美国教育仍保持活力。

四、教育中心的转移导致科学中心转移

16～20世纪，近代世界教育中心从意大利、英国、法国、德国、美国顺序兴起和转移，是导致科学中心在这些国家渐次形成和转移的重要因素之一。一个国家先成为教育中心，而后才成为科学中心；而一个国家先失去教育中心的地位，之后才失去科学中心的地位；一般来说，一个国家的教育兴隆期越长，科技兴隆期也越长。这是因为教育对科学的推动作用不同于经济对科学的作用，教育对科学的作用具有延迟性，不可能“立竿见影”。历史上的五个科学中心国家，为了使本国跨入科技强国之列，都把高等教育的发展作为重点，对人才进行了长期的储备性培养。经过长时间不懈努力，人才一旦成熟并进入各自的研究领域，一个国家跨入科技强国之列也就是水到渠成的事情了。因此一个国家要发展科学技术，必须首先发展教育。

第三节　教育发展与科学进步的本质联系

从教育与科学发展历史、教育中心与科学中心的关系来看，教育与科学之间存在积极的相互促进作用，二者的结合符合所处时代的发展，对当时的经济社会具有重要意义。尤其是大学教育，大学作为高等学术机构且具备研究性质，聚集了高层次的研究者共同探讨新的知识，对科学和技术的促进作用更大。从教育中心与科学中心的关系来看，发展教育是科学繁荣乃至国家昌盛的必由之路。反之，当科学发展到一定程度，又会对教学产生深远的影响。

一、教育通过传递和传播科学知识，实现科学技术的再生产

科学技术正是通过劳动者才被应用于生产过程中，或者被物化为生产工具

和生产工艺，从而变成现实的直接的先进生产力。科学这座大厦要经过世世代代的努力才能建立起来。科学技术发展是知识在人类社会发展过程中不断传递、积累、发展的历史过程，教育就是传递或传承科学知识的最基本、最重要的手段。科学知识只有通过教育，才能广泛地传播和推广开来，使少数人掌握的知识为大多数人所掌握，这种传播并没有直接创造出新的科学知识，而是科学知识的扩大再生产。

教育是传递、传播科学知识最简捷、最有效的途径。教育能把人类长期积累的科学知识、生产技术，进行有目的的选择、提炼加工、概括而进行传播。因此，相对于生产实践中的自我积累，教育在科学技术再生产中的效率是比较高的。正如马克思所说的那样："对脑力劳动的产物——科学——的估价，总是比它的价值低得多，因为再生产科学所必要的劳动时间，同最初生产科学所需要的劳动时间是无法相比的。例如，学生在一小时内就能学会二项式定理。"数学二项式定理的产生，花费了多少数学家漫长的岁月，但一旦产生，学生一小时就能学会它。这正是科学技术具有继承性并加速发展的原因。

二、教育通过基础科学研究和技术创新实践，推动科学技术进步

教育的主要职能是传递和传播人类已有的科学知识，但它也担负着创造新的科学知识、发展先进生产力的任务。培育和发展先进生产力，关键是要发展科学技术。科学技术成为第一生产力形成了科学、技术、生产统一的过程和新的生产体系，这个体系的变化首先是从科学这个环节开始的，科学是现代技术、生产的第一阶段。所以，一个国家在科学上的突破必然带来技术的进步和先进生产力的发展，科技与产业的关系日益紧密。方兴未艾的电子通信、生物医药、新材料等高技术产业无一不以科学研究为基础，无一不依赖于研究开发活动。基础科学研究日益成为产业技术创新的源头。科学的理论知识，现在已经成为社会的首要战略资源。

发展科学技术除了依靠专职科研机构和企业，高校是最主要的力量，因为高校普遍具有学科门类齐全、人才集中、资料丰富、知识密集、学术研究力量雄厚、设备齐全先进、科研气氛浓厚等一系列比较优势。同时，处于科学发展前沿的现代高校，在向受教育者传授有关科学文化知识的过程中，必然会涉及对旧有的科学材料与理论的否定和批判，以及对新的科学理论的探索，因而要将教育活动与科学研究两个方面截然分开是不可能的。高校既是教学中心也是科研中心，教学与科研密不可分，甚至是在同一时空同一过程中进行的。目前在世界上恐怕很难找到一所单纯从事教育而毫不涉及科研活动的高校尤其是重点高校。再从提高师资水平和教学质量的角度来看，在现代科学技术一日千里、瞬息万变的形势下，要避免知识老化陈旧，不断更新和充实教育内容，教师也必然要亲身参加科学发现和技术发明活动。

正因为如此，世界各国都十分重视利用高校的这些优势和条件，把大约半数的科研力量、设备和经费都集中在教育系统尤其是高校里，一些新型的科学园区与知识密集型企业也都是以高校为依托建立起来的，如美国的硅谷、日本的筑波都是建立在大学与科研院所的集中地。目前，我国已有 1000 多所高校不同程度地开展科研，参与研究开发人员达 20 多万人。这支科研队伍承担的科研任务，约占国家自然科学基金项目的 70%以上、重点项目的 50%左右，占国家“863”课题的 30%以上。2008～2016 年，高校独立或参与获得国家自然科学奖 252 项，占此期间授奖总数的 2/3 以上；独立或参与获得国家技术发明奖 328 项，占此期间授奖总数的 78%；独立或参与获得国家科技进步奖 858 项，占此期间授奖总数的 60%。高校已经成为我国科技创新特别是基础研究领域的生力军。①近年来，我国一些高新技术区和高新技术产业的建立，也主要是借助和依托高校和科研机构的力量。这些事实无可争辩地说明，现代学校尤其是高等院校是促进科学技术发展的一支最重要的力量。

① 数据根据国家科技基础条件资源调查成果、国家自然科学基金资助项目优秀成果选编、国家科学技术奖励工作办公室网站内容整理。

三、教育通过培养高素质的科技人才，提高科学技术的发展能力

科技人才是通过教育特别是高等教育培养出来的。科技人才是先进生产力的开拓者。科技人才通过自己探索性、创造性的脑力劳动，获得科学新发现、技术新发明，从而推动科学技术的进步。没有科技人才，便无法进行科学技术创新和发展。“科学技术人才的培养，基础在教育。”[①]教育是培养和造就科技人才的重要阵地和主要工厂。

教育不仅决定科技人才的质量，也决定科技人才队伍的数量。科技人才所具备的多方面良好素质都是在接受科技、文化、道德规范诸方面的教育中逐渐养成的。通过大力发展高等科技教育，还可以迅速改变科技人才队伍的构成，不断增加高级科研人员的比例，并使队伍年轻化。科技人才数量是一个国家科技能力水平的重要标志之一。科技人才的数量优势是科学中心形成和转移的重要因素。而科技人才队伍的数量取决于其再生产，即科技教育。从世界各国来看，凡是教育发达的国家，其科技人才数量就遥遥领先于其他各国。教育好比果树，人才好比果实，没有树便没有果，有树才有果；树大根深叶茂，才能硕果累累，才能源源不断地培养出大批优秀的科技人才。有人预言，今后“胜利的桂冠，属于教育制度最发达、最完全的国家”。

四、科学的发展促使教育观念发生变革与转变

传统的教育观念主要是以传授人类已有的知识、培养学生应用已有的知识为重点，这一时期，所强调的“人才培养”，只是片面注重传统知识的传授，在这种观念影响下，教育总是滞后于社会和经济的发展。随着科学技术的发展，人们对传统教育重新进行审视。在当今世界性新技术革命浪潮中，一个国家的强弱主要看它的综合国力，而综合国力的竞争，实质上是科学技术的竞争，归根到底是人才的竞争、教育的竞争。因此，教育不仅是传授知识，更重要的是要为社会培

① 邓小平. 1994. 邓小平文选. 第2卷. 北京：人民出版社：95.

养大批富有创造精神、富有责任感的人才，不仅要重视知识的灌输，更要重视智能的培养；不仅要使青年学生掌握必要的科学文化知识，还要有理想、有道德、守纪律，成为全面发展的符合社会需要的人才。

五、科学发展促使教育体系结构发生变革

随着科学技术的发展，知识更新的周期越来越短，由此引起知识老化周期迅速缩短。技术越发达，知识老化的速度就越快。因此，为了适应科技不断发展的新形势，教育已从单纯的学校教育发展到学校教育与社会教育并举，校内的一次性教育与社会的“终身教育”并举，普通义务教育与职业、专业教育并举，从封闭的教育发展为开放的教育，呈现出大科学、大教育、国际化的趋势。

第四节　北京全国科技创新中心建设的教育发展策略

一、全国科技创新中心必须有世界一流的大学

从世界科学中心的形成过程与历史发展来看，世界一流大学对其形成具有重要作用。首先，80%以上的世界顶尖数学家产生于科学中心国家的一流大学中，80%以上的诺贝尔奖获得者分布在科学中心国家的一流大学中，80%以上的一流科学家都曾有在科学中心国家的一流大学中求学或工作的经历。一流科学家不仅给大学带来一流的声誉，而且为该国成为世界科学中心做出了卓越的贡献。因此，一流科学家和一流大学的多少，在很大程度上决定了一个国家能否成为科学中心，以及能在多长时间保持科学中心的地位。

世界一流大学的建立，是一个国家成为世界科学中心的必要条件。近代德国和美国的发展表明，科学中心转移的过程是和世界一流大学建设的过程同步的。以德国为例，与英法相比，德国大学虽然起步较晚，但经过 18 世纪哈勒大学和哥廷根大学两所大学的革新，尤其是经过 19 世纪初以柏林大学为代表的改革运动，到 19 世纪中期，德国大学已经领先于其他国家，不仅拥有多所世界一流的

大学，柏林大学更是独领风骚近百年，几乎无校可与之匹敌。大学的发达，不仅促进了经济和社会的发展，使国力大增，也使德国成为世界科学中心。第一次世界大战前的德国已经处于鼎盛时期，它是近代世界高等教育发展的顶峰。据统计，第一次世界大战前全部 42 名诺贝尔奖自然科学奖获得者中，德国有 14 人，法国和英国分别为 10 人和 5 人，美国仅 2 人。值得注意的是，德国 14 名获奖者全部是大学教授，仅柏林大学一校就有 8 人获奖。

1865 年，“南北战争”结束后，美国特别重视发展高等教育和创建世界一流大学，仅几十年的时间便涌现出一大批世界一流的大学，从 20 世纪 20 年代起取代德国成为世界高等教育中心和科学中心。第二次世界大战期间，美国大学的科学成果为战争的胜利起了举足轻重的作用，原子弹、雷达和盘尼西林都出自大学实验室。第二次世界大战以后，美国高等教育的发展进入黄金时代。据保守统计，世界上堪称一流的大学中，至少有 1/2 以上在美国。美国的科学研究，尤其是基础科学研究取得了巨大的成就，从而使美国在科学技术方面居于世界领先地位。美国的强大有赖于大学的科研，这是不争的事实。以诺贝尔自然科学奖为例，从开始颁奖的 1901～1933 年，美国仅获得 86 项中的 7 项（其中一项同别国分享），获奖人数 7 人。但 1934～1945 年，美国获得 26 项中的 9 项（其中 3 项同别国分享），获奖人数 12 人。1946～1996 年，美国共获得 153 项中的 96 项（其中 35 项同别国分享），获奖人数 157 人，大大超过同时期英国、德国、法国三国的总和，且获奖者绝大多数为大学教授。这充分表明，20 世纪的美国是一步一步登上科学高峰的，而一流大学毫无疑问在其中起了关键作用。

北京建设全国科技创新中心，需借鉴世界科学中心形成与发展的经验，迫切需要提高大学教育水平，形成一批世界一流的大学，进行科学研究与技术研发的积累，建设一支高素质的研究型人才队伍，为打造成世界知名的科技创新中心做准备。

二、根据世界科技发展调整高校课程设置

由于教育行为的特点和传统教育体制的不足，教学内容与科学技术的新成果相比，往往存在着滞后现象，这种滞后现象是由教育的“惯性”或相对稳定性决

定的。1687 年牛顿发表了《自然哲学之数学原理》，标志着牛顿力学体系的建立，然而大约过了一个世纪，牛顿定律才被编入中学教材。因此，随着科学技术发展速度的加快，从教学内容、课程设置到专业结构，不适应科技发展的情况日益突出，为此，不断调整高等教育课程设置和教学体系，对科学技术发展具有极大的促进作用。例如，美国高等教育为适应当时新出现的高技术发展对人才的要求，在 20 世纪五六十年代把教学重点放在数学、物理等方面，培养了一大批具有工程化知识背景的高技术研究人才，为美国的世界科学中心地位的稳定夯实了基础。

北京建设全国科技创新中心，必须要在高校教育课程设置上与时俱进，将最先进、最前沿的知识尽早地引入教育体系中，对高校教育内容、课程设置与专业结构不断更新和调整，才能培养出能够适应先进科学技术发展需求的、适应国际激烈竞争的科技人才。

三、把培养创新人才和造就学术大师作为教育发展的首要任务

当今世界日新月异，国际竞争越来越激烈，科技成果的转化和产品更新换代的周期越来越短，科技作为第一生产力的地位和作用也越来越突出。新的科技革命既给我们带来了千载难逢的发展机遇，又对我们提出了更加严峻的挑战，其中，人才的建设是科技发展最重要的因素。以人为本，有人才有教育，才有科学。全国科技创新中心建设迫切需要的是两方面的人才：一是具有国际影响力的学术大师，二是创新型人才。综观世界科学中心的转移，无论科学中心驻足在哪个国家，其标准都是要具有一批世界一流的科学家，产生一批世界一流的科学成果。究其根本，科学成果是需要科学家来完成的，因此还是人的问题。北京建设全国科技创新中心，首要的任务是通过直接引进、联合培养等方式，会聚一批世界知名的科学家，并使之达到前所未有的规模和程度。这需要极大的投入，并且在短期内可能见不到成效，但从长远来看，是建设科学中心的必要条件。其次，要改进原有的教育机制，将创新型人才作为培养的重点，将科学尽可能快地转化为技术并应用到社会中去，实现教育与科学的双促进作用。

四、强化科学与技术的深度融合

科学与教育相互促进，相互影响。在科技创新引领发展的当下，更应该注重科学与教育的融合。北京拥有一批知名的重点大学，同时也是科学创新的高地，建立科技发展战略联盟，推动科技发展与教育在更深层次的融合，将是全国科技创新中心建设的有效途径。政府、大学与产业要协同发展，这样才能形成一种行之有效的创新模式。从世界科学中心发展看，形成多元的不同主体的合作网络，共同推动科技发展是各国的主要策略。在这种合作网络中，大学等教育机构占有重要的地位，官产学研合作并各司其职共同推动科技发展。北京建设全国科技创新中心，需要探索合作网络的深层次发展机制，使教育在科技发展中起更加重要的作用。

第五章

文化的繁荣发展与科学中心的形成

文化是民族的血脉，是人民的精神家园，是城市发展进步的灵魂。随着时代的发展，文化越来越成为民族凝聚力和创造力的重要源泉，越来越成为城市综合竞争力的重要因素。建设科技创新中心，文化环境非常重要。文化环境对科技创新的影响是全方位的、多层次的，是潜移默化、根深蒂固的。科技创新中心的形成与发展总是在一定的文化环境中产生和进行的。为此，北京建设全国科技创新中心，就必须要研究文化环境，并对文化建设进行新的理论思考和战略审视。

第一节　科技创新中心建设与文化发展的关系

纵观人类文明发展史，科技与文化可谓同根同源、紧密相连。科学技术的每一次革命，都会引起生产力的深刻变革和人类社会的巨大进步，促成社会文化的重大变化与发展。同时，文化的繁荣发展往往是科技革命的前奏，并为其提供肥沃的土壤。特别是现代科技革命以来，科技与文化的关系更为密切，科技在文化发展中的支撑作用日益彰显，文化在科技发展中的先导地位更加突出。

一、文化的内涵、结构与功能

（一）文化的内涵

什么是文化，向来是一个众说纷纭、见仁见智的问题，其内容也可谓丰富多彩。在中国，《易经》就有“观乎天文，以察时变；观乎人文，以化天下”的说法。《辞源》对文化的解释是“文治和教化”。在西方，“文化”一词源于拉丁文cultura，意指土地的耕种、加工、照料和改善，有在自然界中劳作取得收获的意思，尔后罗马思想家马库斯·图留斯·西塞罗（Marcus Tullius Cicero，公元前106—前43）又指出“精神文化是哲学”，认为如同农民耕种土地一样，对理智也要进行加工。“文化”一词又被用在知识水平、教育程度、思想修养上。1871年，英国人类学家爱德华·伯内特·泰勒（Edward Burnett Tylor，1832—1917）对“文化”的定义是：“文化，或文明，就其广泛的民族学意义来说，是全部的知识、信仰、艺术、道德、法律、风俗，以及作为社会成员的人所掌握和接受的任何其他的才能和习惯的复合体。”[①]美国著名人类学家 A. L. 克娄伯（A. L. Kroeber，1876—1960）和 C. 克鲁克洪（C. Kluckholn，1905—1960）合著的《文化，关于概念和定义的检讨》一书，对文化定义现象进行过统计研究，从 164 种文化定义中概括了六组类型并给出一个简要的性定义：“文化是历史上所创造的生存式样系统，既包含显性式样又包含隐性式样；它具有为整个群体所共享的倾向，或是在一定时期为群体的特定部分所共享。”[②]我国学者殷海光先生在其所著的《中国文化的展望》一书中也列举分析了 47 个关于文化的定义，并指出：任何一个定义只说到文化的一个或若干个层面或要点，之所以如此，原因之一，是文化实有的内容太复杂了，复杂到非目前的语言技术所能用少数的表达方式提挈出来。

文化在学术界虽然有很多定义，但大体上可概括为广义文化和狭义文化两种。广义文化，既指人类征服自然、改造自然、人化自然的实践活动、实践过程，又指人类通过物质和精神生产实践所创造的一切物质财富和精神财富。狭义文化，特指以社会意识形态为主要内容的观念体系，是由宗教、政治、道德、艺术、哲学等意识形态所构成的领域，排除了人类改造自然的物质创造活动及结果部分。广义文化包括科技，科技是文化的重要内容，也是文化的重要体现形式和载体；狭义文化，与科技分属于人类社会的两个方面，但存在一定的交叉内容（如科技文化等）。

根据需要，本书的文化是指存在于科技系统整体之外并对科技整体产生作用和影响的人类文化因素的总和，包括有形的或无形的文化。通过研究科技创新中心建设与文化发展的关系，分析科技发展、科学中心转移和科技创新中心建设过程中的文化因素、人文要求、价值导向，以及科技创新中心建设对文化发展的促进作用。

（二）文化的系统结构

从系统论的角度来看，文化包含物质、制度、精神三个层面。其中，物质层

---

① 泰勒 E B. 1992. 原始文化. 上海：上海文艺出版社.

② 杨善民. 2002. 文化哲学. 济南：山东大学出版社：6.

文化也叫物质文化，是以满足人类物质需要为主的那部分文化产物，表现为各种生产资料和生活资料等物质活动成果；与制度层相对应的是制度文化，它是人类处理个体与他人、个体与群体之关系的文化产物，包括社会政治、经济等各种制度及相应的各种组织机构等；精神层文化也可以简称为精神文化，它是以价值观念、思维方式、行为规范和科学知识、社会理论、宗教学说等各种社会心理和社会意识为特征的精神文化，它是人类文化在观念形态上的表现。

文化作为一个有机系统，不仅是由物质文化、制度文化、精神文化三种要素组成的，而且这几种要素之间有着内在的结构关系。三种文化要素，属于文化结构中三个不同的层面。从它们对外部环境的开放程度来看，一般来说，物质文化是最外层的，制度文化次之，精神文化是最内层的。也可称精神文化为内在文化或观念文化，称制度文化和物质文化为外在文化，如图 5-1 所示。

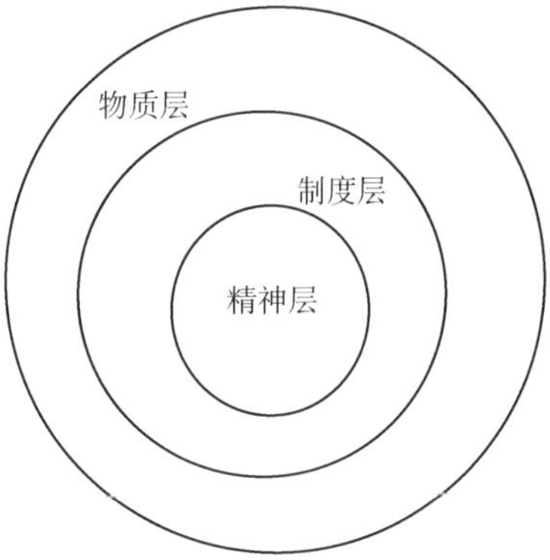

图 5-1　文化的层次结构

我们可以看到在由物质文化、制度文化、精神文化构成的文化系统结构中，物质文化是最基本的因素，它奠定了文化形成的物质基础；制度文化是最中坚的因素，它规定着文化整体的性质；精神文化则是最为本质、核心的因素，它是文化的灵魂。物质文化、制度文化、精神文化在纵向上构成了以物质文化为表层结构、制度文化为中层结构、精神文化为深层结构的层次分明而又协同有序的文化大系统，在横向上形成了相互依存、相互渗透、相互作用的文化功能网络。文化的三个层次，相互制约、相互影响，构成了文化的整体。

（三）文化的功能

从文化对创新实践的作用来看，主要有以下几方面的功能。

1. 文化的凝聚功能

文化的凝聚功能是指文化具有保持社会认同、凝聚社会共识、促进社会统一的功能。在一个文化系统内部，人们有着共同的文化结构、共同的价值观念、共同的生活习惯，从而也就表现出本民族共同的文化心理特征，这些心理特征又成为沟通和联系全体成员心灵的纽带。对于科技创新来说，文化是一种黏合剂，是整个创新组织团结一致的精神动力和思想支持，有助于激发创新主体创新的灵感，促进科技创新，催生新的科技革命。

2. 文化的塑造功能

文化是人类活动的产物，人类在实践活动中改造了自然，形成了社会，创造了文化；文化又反过来塑造人，引导社会。美国人类学家玛格丽特·米德（Margaret Mead，1901—1978）认为，人的变化是由文化因素引起的，“我们知道文化总是煞费苦心，千方百计地在错综复杂的条件下，使一个新生儿按既定的文化形象（culture image）成长”[①]。这实际上体现了文化的教化作用。人类个体的成长过程，也就是不断地获取文化，将外在的文化转化为内在的需要，从而实现由“自然人”向“社会人”转变的过程。正是在不同的文化影响下，形成了东西方关于人的性格差异。西方文化塑造了西方人追求自由、崇尚个人竞争的心理；而东方人在东方文化的熏陶下形成了以集体为重、崇尚中庸之道、内敛含蓄的人格个性。

3. 文化的导向功能

文化的导向功能主要表现在：人的具体行为总是循着一定目标进行，朝着一定方向展开，而文化价值观念很大程度上直接影响着人的奋斗目标，价值观念不同，追求的目标通常也不一样。利于创新的文化一旦形成，就会辐射到每一个人，能够把创新主体引导到创新的目标上来，形成创新的环境和创新的气氛，为科技创新营造良好的环境氛围。

---

① 玛格丽特·米德. 1988. 三个原始部落的性别与气质. 宋践，等译. 杭州：浙江人民出版社：268.

4. 文化的整合功能

文化对协调群体成员的行动起着重要作用。文化是社会群体之间沟通的中介，以一种潜移默化的形式影响个人，以一种隐性的方式调适人与人之间的关系。通过共享文化，行动者可以知道自己的何种行为在对方看来是适宜的，并倾向于选择有效的行动，从而有效地沟通、交流与合作。对于科技创新来说，文化能够潜移默化地陶冶创新主体的思想、性格、情趣，提升创新主体的素质，培育他们的创新能力，促进科技的科学精神与人文的人本关怀观念融合发展。

5. 文化的约束功能

文化的约束功能主要体现在对人们的生活、行为具有规范约束作用。每个人都有自己的欲望，保持着自己的个性和特点，它们互相区别，互相摩擦，有时甚至互相冲突。但是，由于文化的规范和整合作用，人类生活基本上保持着一定的秩序性。文化为人们提供了各种规则，告诉人们哪些行为是正当的，哪些行为是不正当的；什么地方是可以通行的大道，什么地方是不能涉足的禁区。对于科技创新来说，成文的或约定俗成的制度、规范、习俗及人际关系，对每个创新主体的创新能力都起着启迪、熏陶和激励的作用，它激励科技创新，抑制科技的负面效应。

二、科技创新与文化发展的互动关系

科技和文化都是人类智慧的结晶，二者相互依赖、相互影响、相互促进而又相互制约。科技是文化的重要组成部分， 文化是科技存在和发展的母体，为科技发展提供环境支撑。反过来，科技的创新与进步又推动着文化的发展，成为文化发展的支撑与引擎。

（一）文化发展对科技创新的积极作用

文化是人类的产物，是人类生存和发展的首要条件，是人类社会文明和发展程度的重要尺度。文化作为人类在长期的社会实践中的精神积淀，是人类赖以生产和发展的精神家园。科技的创新与发展，既需要雄厚的物质基础和可靠的政治保障，也需要有力的精神支撑和良好的文化条件。

1. 精神层面

从精神层面来看，文化影响科技创新主体的价值观，对科技发展具有引领作用。科技创新作为一种实践活动，必然受到文化传统、价值观念、道德标准、行为规范、思维方式等众多社会文化要素的影响。科技创新的目的在于创造出满足人类需求和社会需求的产品，科技创新主体通常根据社会文化的价值观念、道德标准及社会需求来修正和改进个人的创新动机。比如社会文化中的求真、臻善、达美的价值观念会不断影响着科技创新人员的创新动机，引导创新主体形成求真、臻善、达美的和谐动机，保证科技创新沿着正确的方向前行。另外，科技本身就是一种文化现象，求真、求实、理性、创新、探索、怀疑、开放、协作等科学精神就是人们在长期从事科技研究中形成的一种科技文化。科学精神是创新主体从事科技创新的动力源泉，它能够激励创新者投身和专注于创新活动，激发创新者的研究兴趣与热情，促使创新者不断求索与创新。

2. 制度层面

从制度层面来看，文化对科技创新具有激励和约束作用。好的制度、体制对科技创新活动具有很强的正导向性与激励性，反之则相反。科技创新作为人类重要的实践活动，不仅不能违背普遍的社会规范或制度，还要遵守调控科学活动的专门规范或制度，即科学规范或制度。科学规范或制度为科技工作者的行为提供指导，告诉他们可以做什么、应该做什么、不应该做什么，对科技工作者的行为起着引领、纠偏和授权的作用。文化中蕴含的合理性、普遍主义、无私利性和伦理道德规范等是从事科技创新活动的行为规范，保证了科学“求善”功能的实现。美国科学社会学家伯纳德·巴伯（Bernard Barber）认为：“在现代社会中，人们在何种程度上找到所有这些东西——合理性、功利主义、普遍主义、个人主义和社会改善进步论这些文化价值，以及高度专业化的劳动分工、开放的阶层体系和非极权主义的政治体制这些社会结构，科学就在何种程度上兴旺发达。”[①]因此，政府为科技创新提供精神文化上的要素和相关文化制度安排，已成为科技创造力不断生成的土壤。

---

① 伯纳德·巴伯. 1991. 科学与社会秩序. 北京：生活·读书·新知三联书店：86-87.

3. 物质层面

从物质层面来看，文化为科技创新活动提供条件和环境。任何科技创新活动都离不开一定的文化环境。科技创新成果多的地方，往往拥有良好的创新文化环境。良好的创新文化环境像系统“软件”那样，使人思维活跃、精神振奋、创新热情高涨、创造“火花”迸发，并将区域内的各种创新要素有机地聚合在一起。美国科学社会学家塔尔科特·帕森斯（Talccot Parsons，1902—1979）曾经说过：“科学最初是与整个社会结构和文化传统结合在一起的。它们彼此相互支持——只有在某些类型的社会中，科学才能兴旺发达，反之，没有科学之持续的和旺盛的发展与应用，这样一种社会也不能正常运行。”[①]科技的繁荣与发展需要一定的社会条件。从国外来看，没有文艺复兴运动导致的思想、观念大解放，就没有近代欧洲一系列的科学发现、发明；没有多元价值观“共振”导致的观念创新，也就没有美国的硅谷。从中国来看，没有先秦诸子“百家争鸣”导致的思想解放，就不会有后来两汉农业文明的进步及其他科技发明。在其他条件相同的情况下，不同的科研群体或个体创新成就不同，其重要原因就在于他们的创新精神、毅力不同。[②]因此，加大对科技创新人物事迹的宣传，弘扬科学精神，营造良好的创新文化氛围，是当前我国促进科技创新与发展的迫切需要。

（二）科技创新对文化发展的促进作用

文化与科技的互动关系，不仅表现在文化对科技的影响作用方面，也表现在科技对文化的影响作用方面。德国哲学家恩斯特·卡西尔（Ernst Cassirer）曾经这样评价科技的文化价值，“我们可以对科学的成果或其基本原理提出质疑，但是它的一般功能似是无可怀疑的。正是科学给予我们对一个永恒世界的信念。对于科学，我们可以用阿基米德（Archimedes，公元前287—前212）的话来说：‘给我一个支点，我就能撬动地球。’在变动不居的宇宙中，科学思想确立了支撑点，确立了不可动摇的支柱[③]”。科技在推动社会的经济、政治的变革过程中势必会影

① 伯纳德·巴伯. 1991. 科学与社会秩序. 顾昕，等译. 北京：生活·读书·新知三联书店：71-72.
② 陈依元. 2007. 创新文化：自主创新的文化驱动力. 福建论坛，（3）：131-134.
③ 恩斯特·卡西尔. 1985. 人论. 甘阳译. 上海：上海译文出版社：263.

响到社会文化，包括观念文化、制度文化和物质文化三个层面。

1. 科技进步促进观念文化的发展

科技进步会带来全新的科学精神、科学思想、思维方式、审美情趣乃至全新的生活方式、消费方式、交往方式、行为规范等，并渗透和影响到社会的各个方面、各个层面。例如，科学的民主精神渗透到思想观念之中，增强人们在政治上的民主意识，推动政治思想的更新；科学的基本思想及其研究方法渗透到哲学理论之中，成为哲学理论发展的强大动力。在现代科技革命的推动下，特别是系统论、控制论和信息论等科学理论的创立和发展，使人类的思维方式朝着系统性、开放性、动态性和创造性等方向发展。这丰富了人类的思维方法，激发了人类的创造性思维，促进了传统道德观念的变革和新的道德观念的形成与发展。在现代思维方式的导引下，平均主义、封闭保守、生硬僵化的道德规范，正在被公平竞争、自强不息、奋发创新、充分重视和发挥个人才智的道德要求代替。随着科技的发展和科技研究活动的深入，在科学共同体内部还培育了尊重事实、崇尚理性、批判落后、追求创新、团结协作等科学精神，这种科学精神对培育和发展有利于"大众创业、万众创新"的创新创业文化具有重要的推动作用。

2. 科技进步促进制度文化的变迁

科学技术—生产力—生产关系—制度文化是科技促进制度文化变迁的过程。科学技术是第一生产力，在生产力的推动下，生产关系会进行一系列的调整和变化，从而引起社会各种管理体制的变化，首先是经济管理体制发生变化。为适应这种变化，政治管理体制也随之发生相应的变化。随着社会两大基本管理体制的变化，属于文化的体制层面内容的其他各种体制(如教育体制、科技体制、文艺体制等)也必将发生变化。当这种变化逐步积累并产生质变时，文化的体制层面便实现全面的转换。当前，科技进步对制度文化的影响，突出表现在：现代科技促进了知识产权制度和公众参与制度等的产生，促进了科技体制、教育体制、文化制度的完善与变更。

3. 科技进步推动物质文化的改变

在科技推动社会生产力迅猛发展的同时，社会的物质产品也迅速丰富起来。当这些物质产品向人们提供了某种新的价值信息之后，它便具有某种文化含义，从而进入社会文化之中，成为文化的物质层面的组成部分。这样，在社会生产力发展的同时，文化的物质层面便发生巨大变化。当前，科技对物质文化的促进作用，突出表现在：一是科技创新促进了文化与科技资源的整合与开发。现代高新科技正在改变着文化产业的支撑环境和发展轨迹，变革着传统文化产业的存在方式。例如，网络技术，破除了文化信息接收的时空壁垒，实现了文化传输的“交互性”和文化接受的“移动性”；数据库技术，对文化资源整合具有庞大的聚合功能，可以实现多层次的文化整合应用。 二是科技创新促进了文化产品生产效率的提高。过去，文化生产主要以个人生产为主，效率低、产量低、传播范围窄、速度慢。现代信息技术、新材料技术等的发展与应用，提高了文化产品的生产效率，拓宽了文化产品的传播渠道。三是科技创新丰富了文化产品的表现形式，提高了文化产品的附加值。现代科技的进步，打破了以往文化产品表现手法的障碍，为文化产品提供了强大的技术支持和手段，极大地丰富了文化产品的表现方式。四是科技创新催生了新的文化业态。现代科技特别是信息技术的发展，催生造就了一系列的新兴文化业态，如动漫、网络游戏、掌上图书馆、手机媒体、移动视频等。

三、科技创新中心建设对文化建设的实践诉求

创新的原动力不仅来自于科技，更来自于文化。文化是孕育科技创新中心的母体，真正具有创新力的城市必定根植于深厚的文化土壤。

首先，科技创新中心要求加强创新文化建设，为创新主体从理念、精神和价值观等方面提供原动力。创新文化是与创新实践相关的、有利于科技创新的一种文化形态，既包括与创新活动有关的态度、信念、价值观，也包括与创新活动有关的行为规则、制度与规范，以及相关的物质基础等。创新文化的价值观包括崇尚理性、鼓励创新、尊重创造、敢于质疑、勇于探索、求真务实、团结协作、平等竞争、以人为本、宽容失败等。创新文化氛围一旦形成，就会对创新主体及其相关群体产生影响，触发他们的创意并形成创新活动，进而激发全社会创新的激情和创造的活力，提高民族的创新意识和科学文化素养，形成崇尚创新的社会环境和文化氛围。

其次，科技创新中心要求在制度上加强文化创新，从体制机制角度为科技创新提供制度保障。制度是人类的群体和社会要求成员共同遵守并按一定机制运行的组织管理规程，它是人类文化的凝结。制度文化的作用，主要体现为它对科学主体行为的激励与约束功能，或者说是指引、评价、预测、教育、强制等规范功能，由此使科学系统内部各要素之间保持协调，促进科学领域的共同发展。建设科技创新中心，需要一个能保证科技知识生产高效运行的社会组织制度和体制机制。好的制度、体制对科技创新活动具有很强的正导向性与激励性。从某种意义上说，制度上的文化创新比技术创新更重要。日本学者汤浅光朝指出，世界科学活动中心总是朝政治体制和社会文化先进的地方转移。从 1610 年前后到 1950 年，世界科学中心先后从意大利转移到英国，又到法国、德国，再到美国。美国之所以涌现出许多诺贝尔奖获得者，具有很强的创新能力，原因之一是其科教一体化的体制及其他激励创新的一系列完备制度。[①]

最后，科技创新中心要求加快实施文化创新、科技创新“双轮驱动”战略，为科技创新活动提供物质文化基础及环境。任何创新活动都离不开一定的物质基础及环境，特别是离不开创新的文化氛围，古今中外莫不如此。近代科技革命之所以首先产生并发展于欧洲，不仅同当时欧洲资本主义的兴起及物质基础密切相关，而且同那里发生的文艺复兴、启蒙运动等人文背景直接相关。中国盛唐时期的创造力勃发也离不开其当时丰富的物质条件和开放博纳的文化环境。通常来说，科技创新成果多的地方（如美国纽约、英国伦敦、日本东京），往往拥有健全的公共文化服务体系、发达的文化创意产业、良好的创新性环境。这些物质文化基础及环境，是文化的外在表现和载体，更是建设和形成科技创新中心的物质基础和条件。

第二节　世界科学中心形成的文化环境及启示

科技发展史表明，科学发展的不平衡促使世界科学中心的形成与转移。世界

① 陈依元. 2007. 创新文化：自主创新的文化驱动力. 福建论坛，（3）：131-134.

科学中心先从意大利转移到英国，又转移到法国、德国，再到美国，影响世界科学中心形成与转移的因素有很多，本节将从文化的角度来分析意大利、英国、法国、德国和美国成为世界科学中心的基础与背景，并以此为基础，总结文化对世界科学中心形成的作用。

一、世界科学中心形成的文化环境

科学知识在各个不同的地域不会平均分配，也不会永远被一个国家独占。在一定的历史时期，总是某些国家科学成果较少，科学发展缓慢，而另一些国家科学成果较多，科学发展较快，当这种科学发展优势状态达到某种程度时，这个国家或地区就成为这一特定时期内的世界科学中心。

（一）意大利

意大利是世界第一个科学中心、文化中心，科学兴隆期为 1521～1610 年，文化兴隆期为 1501～1590 年，期间均为 90 年，但文化中心比科学中心提前 20 年。意大利在 16 世纪以前就已经开始了文艺复兴。该运动是古希腊、古罗马的文学艺术和自然哲学等古代文化的全面复兴，包括古代自然观在内的古代文化的全面复兴，使整个社会文化出现苏醒和回顾。这期间，意大利取得了一大批重要文化成果，特别在诗歌、绘画、雕刻、建筑和音乐等方面硕果累累，涌现出了一批世界著名的文化巨人，如马基雅利（niccolo machelloavelli）、阿里奥斯托（L. Ludovico Ariosto，1474—1533）、米开朗基罗·博那罗蒂（Michelangelo Buonarroti，1475—1564）、达·芬奇和拉斐尔·桑西（Raffaello Santi，1483—1520）等。这些文化巨人的聚集和成果的涌现，促使意大利成为世界文化中心。

文艺复兴不仅作为一种深厚的文化背景直接引起意大利科学的繁荣，还推动了整个欧洲近代科学的兴起。文艺复兴，继承并且复兴了古希腊的文化传统，提倡批判、求实的精神。这种精神标志着人的解放和人性的解放，人文主义者开始积极探索自然及人体的奥秘，他们对科学知识的渴望，逐渐发展成为社会进步的巨大力量。例如，达·芬奇既是艺术家又是科学家，不仅在艺术方面有大量著名作品，而且在数学、力学、光学、解剖学等方面都取得了重要成就。伽利略发现了惯性原理，提出了自由落体定律，并用望远镜观察天体做出了一系列重大发现。正是在新文化运动的推动下，意大利在科学方面也取得了许多重要成果，并成为世界科学中心。

（二）英国

17 世纪，意大利政治经济一蹶不振，随着重要科学家的相继去世，其科学也开始不断衰落。但是在同时期的英国，从罗吉尔·培根（Roger Bacon，约 1214—1293）到弗朗西斯·培根的经验主义的发展，从新教作为一种主流文化登上 17 世纪英国的历史舞台，英国凭借其深厚的文化底蕴迎来了近代自然科学的曙光，也取代意大利成为第二个世界科学中心。

在意大利人文主义新文化的带动下，16 世纪英国的人文主义文学创作活动也达到新的高潮。例如，经验主义哲学的先驱弗朗西斯·培根在哲学方面也取得了丰富成果，英国最伟大的剧作家、诗人威廉·莎士比亚创作了大量作品。这些重大人文成果使得英国在 1571～1630 年成为世界文化活动中心。文化领域发生的全面而深刻的变化，特别是 16 世纪末出现的新思想方法，在人们的思想领域产生了深刻而巨大的影响。例如，弗朗西斯·培根抨击经验哲学，倡导实验科学，推崇科学知识，提出“知识就是力量”的口号，使人们的思想观念发生了转变，人们开始重视观察、实验，重视自然科学。这使英国的学术思想也十分活跃，出现了研究科学的多种组织，如官方的“皇家学会”成为英国学术中心，私人企业家格列沙姆创办的专门讲授科技知识的格列沙姆学院，也成为科学同人的活动中心。它们为科学的发展准备了思想文化和组织条件。

在多种文化因素的促进下，英国的各重要科学领域相继出现了一些大科学家。例如，牛顿在物理学、数学和天文学等领域取得了巨大成就，波义耳在化学方面、哈维在医学方面和罗伯特·胡克在生物学方面都取得了丰富成果，因而世界科学活动中心于 1641～1730 年转移到英国。随着科学的发展，科学又在社会文化方面引起反响。比如科学发现可以直接进入文学戏剧等领域，为文学戏剧等作品提供素材。由此可见，正是科技与文化的相互动促、相互渗透，才使得英国在较长时间内成为世界科学中心和文化中心。

（三）法国

18 世纪被称为启蒙时代，而法国则是这个时代欧洲启蒙运动的中心，使人类思想的变革逐步走向高潮，这促使法国成为世界科学中心和文化中心，并在自然科学和人文文化领域都取得了杰出成果。

蒙田（Michel Eyquem de Montaigne，1533—1592）、笛卡儿等人的思想，构成了 18 世纪前法国文化传统的主流，也成为启蒙运动的思想渊源。蒙田是文艺复兴后期人文主义思想的代表，他继承了文艺复兴时期人文主义者对宗教神学的怀疑与批判，并进一步借鉴了近代科学的成就，将科学精神与人文精神结合在一起，形成了独具特色的怀疑论与浪漫主义文学相结合的早期启蒙思想。笛卡儿不仅在哲学上有《方法论》、《形而上学的沉思》和《哲学原理》等影响较大的作品，而且还写了关于生理学、心理学、光学、代数学和解析几何学方面的论文和专著。在有了蒙田、笛卡儿等人的思想积淀后，18 世纪的法国展开了一场轰轰烈烈的思想启蒙运动。启蒙运动自始至终都贯穿着批判、求真、求实的科学精神，极大地促进了科学的发展。

1751～1780 年法国的哲学家和科学家联盟，编纂和写作了《科学、艺术和工艺百科全书》。在该书的熏陶下，拉瓦锡、拉普拉斯、拉格朗日、麦克斯韦等在化学、天文学、数学和物理方面取得了丰富成果，使法国科学处于兴隆期。而后随着法国文化土壤变得日益贫瘠的时候，科学中心又要转移到已经变得更适合科学茁壮成长的德国文化背景中去。

（四）德国

伯特兰·罗素（Bertrand Russell，1872—1970）曾说过“在先进的国家，实践启发理论；在落后的国家，理论鼓起实践”[①]。在当时社会政治经济都十分落后的德国，正是通过思想文化上的启蒙和革命推动科学进步的。其主要动因就是德国文化传统中的民族主义，民族主义也是德国民族文化的主要特征之一，民族主义进而通过思想启蒙和宗教改革表现出来，而这些又都是德国成为世界科学中心与文化中心的重要因素。

---

① 罗素. 1976. 西方哲学史. 下卷. 马元德译. 北京：商务印书馆：129-130.

德国的宗教改革是由德国神学家马丁·路德的《九十五条论纲》拉开序幕的。随后又出现莱布尼茨、弗里德里希·威廉姆·约瑟夫·谢林（Friedrich Wilhelm Josephvon Schelling，1775—1854）、黑格尔、康德、马克思等一批哲学家、思想家，掀起了哲学革命。在此期间，德国也发生了文学运动，其成就主要在戏剧方面，约翰·沃尔夫冈·冯·歌德（Johann Wolfgang von Goethe，1749—1832）和埃贡·席勒（Egon Schiele，1890—1918）是这一时期的代表。在1771—1830年，德国的宗教哲学和文学戏剧成果较多，于是德国在1771～1810年成为世界文化活动中心。

德国的哲学革命使人们的思想从机械自然观中解放出来，为德国科学发展开辟了道路，奠定了思想基础。1830年，德国出现科学发展高潮，涌现出一大批世界著名的科学家，他们在自然科学方面取得了众多重大成果。例如，李比希在有机化学方面取得了一系列成就；维勒第一次从无机物中人工合成尿素；施莱登和施旺提出细胞学说；迈尔（J R Meyer，1814—1878）和赫尔姆霍兹（Helmholtz，1821—1894）发现了能量守恒与转化定律；波恩哈德·黎曼（George Friedrich Bernhard Riemann，1826—1866）创建了非欧几何等。这一系列的科学成果使德国在1831～1900年成为世界科学中心。其中人工合成尿素、细胞学说和能量守恒与转化定律等闪烁着辩证法的光辉，为马克思恩格斯辩证唯物主义的创立提供了重要的科学依据。这表明，科学进步是哲学发展的动力。

（五）美国

自20世纪初以来，美国在科技、文化等各方面取得了举世瞩目的成绩，并于1920年取代德国成为保持至今的世界科学中心。美国能取代德国成为第五个科学中心，学者们多是从政治经济政策、工业发展、科技成果和科技人才的引进，以及政府的支持与教育的发达等方面来分析其原因的。不可否认，美国的崛起，是诸多因素共同作用的结果，是其综合实力的体现。但是，我们在分析美国成为科学中心的原因时，也应该看到文化这一因素所起的积极作用。

在美国，科学与文化“双向”渗透、互动增长的关系十分密切。文化不仅是科学发展的土壤，也是科学赖以生存的灵魂。美国是一个典型的移民国家，独特的建国历程，形成了其特殊的移民文化，这种文化成为美国的标志。美国文化发展的历史就是移民不断涌入，各种移民文化不断撞击、相互融合的历史，从而形成了美国开放、多元、兼容并蓄的移民文化，他们崇尚自由、平等、冒险、探索、创新，反对因循守旧，挑战权威，这种移民文化在美国的整个发展中产生了重大影响，也极大地推动了美国的科技发展。

同时，科学技术渗透到文化的各个领域，对文化的发展起着导向作用。例如，作为现代科学重要组成部分的信息论、控制论和系统论的产生，就是科学与文化相互渗透、相互影响的结果。控制论的创始人维纳，既是杰出的数学家又是著名的哲学家。他有着多学科的精深造诣、良好的哲学修养及治学结合实际的作风，这些都为他建立控制论奠定了坚实的基础。实际上，控制论的建立过程，也就是他的哲学思想与科学实践相结合并逐渐成熟和发展的过程。维纳在回顾控制论创立过程的时候曾说“世界是个有机体……是盘踞在我心中的主要思想”，并力求“寻找新的途径、新的综合的概念和方法，用来研究机体和构成的巨大整体”。系统论的创始人 L. V. 贝塔朗菲（L. Von. Bertalanffy，1910—1972）是一个辩证思维能力很强的科学家。他研究过从古希腊到现代许多哲学家的重要哲学著作。他反对机械论，主张辩证法。他说他是“运用‘整体’或‘系统’思想来处理复杂问题的”[①]。信息论、控制论、系统论从不同侧面揭示了客观物质世界新的本质联系和运动规律，极大地改变了世界的科学图景和当代科学家的思维方式和方法，为辩证唯物主义哲学提供了新的科学依据和新的研究课题，也进一步加强了科学与文化间的紧密联系。

二、世界科学中心与文化中心耦合的历史启示

科学发展史表明，近现代世界科学中心是不断转移的，这个转移不仅与当时的社会、经济、技术等方面的发展相关，而且在这其中文化起着重要的作用。

首先，世界科学中心与文化中心有着密切的关联，呈现出一定耦合性特点。一是近现代科学与文化都出现兴隆期，都存在世界范围的活动中心，并且科学中

① 冯烨，梁立明. 2006. 世界科学中心转移与文化中心分布的相关性分析. 科技管理研究，（2）：192-195.

心与文化中心都仅在意大利、英国、法国、德国、美国五国出现；二是意大利、英国、法国、德国四国（美国还处在科学兴隆期，其时长未知）科学兴隆期的平均值为 140 年，其文化兴隆期的平均值约为 128 年，二者较为接近，如英国的科学兴隆期最长，其文化兴隆期也最长；三是世界科学中心与世界文化中心几乎是相伴而生的，即同时或前后相随出现于同一国家，而孤立出现的科学中心或文化中心则较少。即使孤立出现了，兴隆期的时间也不会长久，不超过 30 年。

其次，浓厚的创新文化氛围是世界科学中心形成的重要条件。各国成为科学中心与其浓厚的创新文化氛围、扎实的文化基础是分不开的。正是 14～16 世纪的文艺复兴和 18 世纪的启蒙运动，多才多艺的学者们以他们新的世界观、人生观，通过文学、艺术、天文、物理、医学等的研究创作和著书立说，反对禁欲主义，鼓吹尊重人的个性、人性解放和人道主义，致命打击了基督教的神学统治，奠定了资本主义诞生的思想基础，并促进了科学技术的发展和人文文化的繁荣，促进了欧洲近代科学的诞生和世界科学中心的形成；也正是当前崇尚创新、多元包容的创新文化氛围，繁荣发展的文化事业、文化产业，促使美国成为当前的世界科学中心。

通过分析世界科学活动中心形成的文化环境，我们可以得出：科学中心与文化中心是相伴而生的，科技创新中心绝不是一个孤立的系统，它的建设必然会受到一定文化环境的影响。北京建设全国科技创新中心，就应该加强与全国文化中心建设的协同，切实加强建设有利于科技创新的文化，从而推动科技创新与文化创新良性互动发展。

第三节　全国科技创新中心的文化基础及问题

北京作为全国的文化中心，具有支撑科技创新中心建设的良好的文化环境基础。然而，我们必须看到，与具有全球影响力的科技创新中心文化环境的要求相比，北京的创新文化建设还有待加强。

一、北京科技创新中心建设的文化基础

北京作为中国的首都、文化中心、科技创新中心和世界性大都市，不仅有着深厚的文化底蕴，而且高校和科研机构林立，在吸引人才、技术、资金等方面具有独特的区位优势和资源条件。这些优势资源不仅带来了丰富多彩的民族文化和时尚潮流，而且为科技创新中心建设提供了丰富的素材和多元的文化视角，并为北京文化事业、文化产业的发展、推广和传播提供了新的契机。

（一）深厚的创新文化积淀

北京作为全国文化中心，是中国传统文化和外来文化的汇聚地，积淀着深厚的创新文化传统。随着改革开放的深入和文化全球化的发展，全社会的创新意识不断加强，不畏困难、勇于创新的精神越来越受到重视；中关村正在成为一种创新文化品牌。这为北京建设全国科技创新中心奠定了扎实的文化基础。

1. 创新是北京城市文化的精髓所在

北京是五朝（辽、金、元、明、清）古都，有 800 多年封建王朝正式都城的历史，其文化的核心是中国传统文化。中国传统文化有着诸多强调革新进取的思想。《尚书·康浩》告诫人们“做新民”，“是故君子无所不用其极”。做人要革旧更新，不断进取，不断创新。汤之《盘铭》曰：“苟日新，日日新，又日新。”要天天变，时时变，锐意进取、推陈出新，因循守旧，不求变化创新，必然灭亡。《周易·乾·象传》中指出“天行健，君子以自强不息”。《诗》曰：“周虽旧邦，其命维新。”《周易·系辞下传》指出，“易，穷则变，变则通，通则久”。这些思想都是中华民族宝贵的精神，蕴含着丰富的与时俱进、不断开拓创新的精神内涵。从周口店“北京人”的智慧到新文化运动，再到今天北京正迈向中国特色世界城市的现代化进程，北京的发展就是一个不断创新的过程。

北京作为五朝古都，中华人民共和国的首都，各种文化在此交融。现在的北京，更是以宽广的胸怀吸纳中外优秀文化和先进的科学技术，以文化创新、科技创新双轮驱动加快北京的发展，加快北京全国科创中心建设。可以说，创新给北

京插上了腾飞的翅膀。

2. 中关村已成为一种创新文化品牌

在中国一谈到创新创业，大家首先想到的往往是中关村。一直以来，中关村都是创新创业的热土和风向标，从最早的科技人员“下海”创业，到伴随着互联网兴起的留学人员归国创业，诞生了联想、百度等一批行业领军企业。

北京市人大常委会原副主任、北京市科学技术委员会原主任闫傲霜认为，“创新是一种文化，最能集中体现这种文化的地方在中关村”[①]。中关村不是行政划定的一个园区，更不是几个产业项目，而是一种生态环境、一种文化、一个品牌。鼓励创新和宽容失败让中关村成为创新创业者的聚集地。在这里，创新创业者们可以放手不断尝试，成功、失败、再出发。中关村对创新的崇尚，不仅表现在早期创新创业者们的尝试和努力中，也表现在成功者对创新创业的持续热情，以及他们对后来者的支持和鼓励上。比如，作为金山元老的雷军创建了小米，同时还通过天使投资，支持了可牛、凡客等一批企业的成长。再比如，李开复的创新工场针对早期创业者需求的资金、商业、技术、市场、人力、法律、培训等提供一揽子服务。这里还有首都创新大联盟、清华科技园、软件园、车库咖啡等一批创新创业服务机构。这些以产业联盟、行业协会、创新型孵化器为代表的新型社会组织不但是自主创新与产业发展的组织者，更加入到中关村创新创业环境营造者的行列，作为政府服务企业的合作者，不断丰富着中关村创新文化的内涵。[②]

近年来，随着中关村示范区“1+6”政策、中关村“新四条”先行先试政策和“京校十条”[《加快推进高等学校科技成果转化和科技协同创新若干意见（试行）》] 等先行先试政策的实施，以及鼓励创新、助推科研成果转化的制度和政策的完善，中关村崇尚创新、宽容失败的氛围也越来越浓厚。北京海外学人中心首席顾问、中关村创新文化发展促进会理事长夏颖奇说，“在中关村，如果你告诉别人你创办的公司上市失败了，或者你创业把自己的钱都砸进去了，没有人会瞧不

---

① 闫傲霜. 2015-3-9. 创业是一种态度创新是一种文化. 中国高新技术产业导报.

② 北京时报. 闫傲霜：中关村是一种文化. http：//digitalpaper.stdaily.com/http_www.kjrb.com/kjrb/html/2014-08/18/content_273993.htm?div=-1［2014-08-18］.

起你，反而会有很多人对你肃然起敬”[①]。比如创业者刘寰青，他最新的创业项目——3D 口袋博物馆刚刚为世界知名拍卖行佳士得做了试用样品。在此之前，他经历过一次成功的和三次失败的创业，这已是他的第五次创业了。1994 年，刘寰青开始第一次创业，赚到了 100 万元。然而，第二次、第三次创业，刘寰青都失败了，初次创业时赚到的钱也赔了个精光。“至穷不过讨饭，不死总要出头。”他始终坚持这个想法。当被问及为什么如此执着时，他坦然回答，中关村是一片创新和创业的沃土，没有谁对失败者冷嘲热讽，这让他能一次又一次重新踏上创业征程，并不断积累经验、锻炼能力，直抵梦想的彼岸。

刘寰青只是中关村众多多次创业者中的一名。中关村管委会发布的创业发展报告显示，近四成中关村创业者有多次创业经历，毫不气馁、屡败屡战是其共同的精神特质。

2013 年 8 月，麻省理工学院一批前沿创业团队，与车库咖啡进行联合项目路演；2014 年 5 月，全球人工智能领域最权威学者之一、谷歌深度学习团队创始人吴恩达宣布加盟中关村的百度公司；来自上海、广州等地的投资人，频频出现在中关村大大小小的创业咖啡馆中。数据显示，2013 年，全国三分之一的创业投资都投向了中关村。

中关村为何有如此大的吸引力？除了中关村有冠绝全国的高校、人才和技术等资源，更因为中关村涌动着独一无二的创新文化。在这里，没有败者，只有勇者；没有风险，只有机遇；没有退缩，只有前行。一个个不甘平庸、敢于创新的分子热烈涌动、聚集，形成了独特的创新文化。

（二）良好的制度文化环境

国内外的实践表明，好的制度、体制对创新活动具有很强的正导向性与激励性，营造一个体系化、规范化的科技创新制度环境，对科技创新、经济增长和社会发展有着至关重要的作用。近年来，北京市政府充分利用科技政策手段，鼓励和引导创新活动的开展，不断优化科技创新的制度文化环境。

1. 北京正在部署加强全国科技创新中心建设

北京的全国科技创新中心定位是习近平总书记在 2014 年 2 月考察北京工作

① 北京时报. 创新文化助中关村前行. http：//bjrb.bjd.com.cn/html/2014-08/04/content_203652.htm［2014-08-18］.

时提出来的。自那以后，北京市委市政府高度重视，全力推进全国科技创新中心建设。2014 年 9 月，北京市科学技术委员会发布了《关于进一步创新体制机制加快全国科技创新中心建设的意见》。这标志着北京全国科技创新中心建设的全面启动，进一步破除了制约首都科技创新的思想和制度障碍，促进首都科技创新优势向发展优势转化。于是，将北京市“十三五”时期的科技发展规划名称改为“北京市‘十三五’时期加强全国科技创新中心建设规划”，并作为市级专项规划中 13 个重点专项之一。2016 年 9 月，国务院常务会议审议并原则通过了由科技部、国家发改委和北京市会同有关部门制定的《北京加强全国科技创新中心建设总体方案》，明确了北京全国科技创新中心的定位，即成为全国创新引领者、高端经济增长极、创新人才首选地、文化创新先行区和生态建设示范城。同时，提出了五个方面的任务：一是强化原始创新，打造世界知名科学中心；二是加快技术创新，构建“高精尖”经济结构；三是推进协同创新，培育世界级创新型城市群；四是坚持开放创新，构筑开放创新高地；五是推进全面创新改革，优化创新创业环境。这为北京建设全国科技创新中心指明了方向，也提供了制度保障。

2. 较为完善的科技创新政策体系

目前，北京市制定的科技政策法规与已有的科技法规、规章、政策、措施一起，基本形成了与国际接轨的、多维度的地方性科技政策法规体系，主要体现在科技创新与科技体制改革政策、高新技术产业发展政策、创新服务体系发展政策、技术市场成果转化政策、知识产权保护与管理政策、科技奖励制度、科学研究与人才培养政策等方面。

为了加强全国科技创新中心建设，北京市构建了“1+N”的创新政策体系。“1”是指《关于进一步创新体制机制加快全国科技创新中心建设的意见》，而“N”是指促进科技改革和经济社会领域改革衔接配套的政策举措，不仅包括“京科九条”[《加快推进科研机构科技成果转化和产业化的若干意见（试行）》]、“京校十条”等促进成功转化的文件，还包括《北京市促进中小企业发展条例》和《北京市专利保护和促进条例》等地方性法规。作为北京科技创新中心建设主力的中关村园区最先对“1+N”的政策体系进行尝试，采取了“1+6”的政策。[①]这样的政策体系为中关村园区发展起到了引导作用，也为北京科技创新中心建设设定了目标和方向。

科技创新政策的不断完善与落实，将对北京市全国科技创新中心建设起到极其重要的推动作用。这种巨大的作用不仅体现在促进科技综合能力的提高上，也体现在为北京科技创新活动的开展营造非常良好的文化环境氛围，使科技意识、创新意识逐步渗透到首都经济社会建设的各个领域，促使全社会形成崇尚创新、尊重创造、利用科学技术促进经济社会发展的共识。

3. 利于科技创新的制度文化环境

当前，北京正在深化体制机制改革，加强全国文化中心建设，这为北京全国科技创新中心建设营造了良好的文化制度环境。《北京市“十三五”时期加强全国文化中心建设规划》将文化创新作为其指导原则之一，提出要“把创新放在文化改革发展的核心位置，激发全社会文化创新创造活力，推动文化和科技深度融合，让文化插上科技的翅膀，让文化创新在首都蔚然成风”。这在某种程度上为促进文化与科技融合提供了制度保障。

同时，《北京市“十三五”时期加强全国文化中心建设规划》还明确将促进文化科技融合作为其主要任务之一，提出要“大力推进文化创意产业传统行业的科技应用与升级，依托云计算、大数据、物联网、虚拟现实、增强现实等最新科技成果，发展和培育动漫游戏、3D 打印、移动多媒体、网络电视、绿色印刷、虚拟会展、艺术品网络交易等文化科技融合新业态，开发文化科技融合衍生产品和服务”。文化与科技融合是一种历史发展趋势，是文化创意产业转型升级的动力，也是科技创新的动力源泉。加强文化科技融合，提升文化科技创新能力，既是给文化插上科技的翅膀，也是给科技注入文化的灵魂，对北京建设全国科技创新中心具有推动作用。

（三）丰富的物质文化资源

1. 北京具有全国最丰富的文化资源

北京作为世界著名的历史文化名城，拥有众多的历史名胜古迹和非物质文化

① 张大蒙. 2015. 北京科技创新中心建设浅析“精明专业化”政策的启示科技导报，(29)：4-6.

遗产；而今，北京是中国的文化中心，具有丰富的文化资源。近年来，北京文化产业实现快速发展，无论是在行业发展水平还是规模上都处于国内领先地位。2016 年文化创意产业实现增加值 3570.5 亿元，比上年增长 12.3%；占地区生产总值的 14.3%，比上年提高 0.5 个百分点；中国文化百强企业中，北京有 27 家，超过总数的四分之一；拥有 20 个文化创意产业功能区，形成了一批有影响力的企业和产业群。在文化事业方面，北京已经构建了覆盖全社会的较为完善的公共服务体系，图书馆、博物馆免费对居民开放，民众能够较为便捷地享受多姿多彩的公共文化产品。这些丰厚的文化资源为北京市促进创新文化建设提供了重要的条件。

2. 北京具有全国最密集的科技创新资源

北京在科技活动人员、研发经费占地区生产总值比重、科技论文数量、科技成果获奖数量、专利数量等反映科技创新情况的指标方面居于全国前列。数据显示，2016 年，北京研发经费支出达到 1479.8 亿元，比 2011 年增长 58%，占地区生产总值的 6%左右，为全国最高水平，也高于发达国家平均水平。高技术产业、科技服务业增加值年均增速分别为 37.7%和 12.8%。技术合同成交额 3940.8 亿元，是 2011 年的 2.08 倍，五年来实现翻番。①全年新增科技型企业 8 万家，占当年新增企业总数的 36%，表明全社会创新创业的热情和投入明显提高。北京市专利申请量达 189 129 件，同比增长 21%；发明专利申请量突破 10 万件，同比增长 17.7%。北京每万人发明专利拥有量达到 76.8 件，是全国平均水平的 9.6 倍，位居全国第一。截至 2016 年年底，北京市有效注册商标 87.3 万件，其中，中国驰名商标 229 件，北京市著名商标 683 件。北京地区作品自愿登记 693 421 项，占全国的 43.35%，同比增长 15.38%，连续十四年位列全国第一；计算机软件著作权登记 82 490 项，占全国的 20.2%。②这些优质的科技创新资源为北京创新文化建设提供了强大的技术支撑。

① 2016 年北京研发经费支出 GDP 占比约 6%投入强度全国居首. http：//news.xinhuanet.com/tech/2017-06/30/c_1121238941.htm [2017-06-30].

② 北京市 2016 年发明专利申请量突破十万件. http：//bj.people.com.cn/n2/2017/0423/c82840-30076939.html [2017-04-23].

3. 北京具有优质的人才资源

据不完全统计，北京拥有中央和地方各类科研院所400余所，普通高等院校89所，其中中央在京高校35所，市属高校54所；全市科技型企业26万家，占全市企业总数的30%；全国共有“两院”（中国科学院、中国工程院）院士1500多名，其中近50%在北京工作和生活。[①]2016年，全市共有58所普通高校和81个科研机构培养研究生，全年招生9.7万人，在学研究生29.2万人，毕业生8.3万人；全市91所普通高等学校全年招收本专科学生15.5万人，在校生58.8万人，毕业生15.3万人；全市成人本专科招生6.1万人，在校生17.2万人，毕业生8.2万人。[②]另外，北京聚集了一批留学归国人员和海外高层次人才。北京自2009年实施“海外人才聚集工程”以来，已经评审认定了共计十一批次海外高层次人才759人，其中192人入选“千人计划”。[③]出国留学人员回国工作，往往也首选北京。这些具有海外或留学背景的人才，带来的不仅是科技产品，更重要的是海外先进的文化理念。中西文化在北京的汇合与交融，必然会不断丰富创新文化的内涵，加快北京建设全国科技创新中心的步伐。

4. 创新创业活动有序开展

中关村创业大街于2014年6月正式运营，成为北京市首个以创业为主题的特色街区。支撑这些创新创业大军高效运转的是北京市日趋完善的创新创业服务体系。目前，北京市已经形成了以科技企业孵化器、众创空间、大学科技园为基础，创业投资机构、技术转移机构、知识产权服务机构、专业咨询机构等有机联系和互动的创业服务体系。据统计，2016年，全市新设企业22.2万家，比上年增长9.4%。其中，新设科技型企业8万家，增长23.2%，占全市新设企业的36.2%。全年，中关村国家自主创新示范区实现总收入45 721.6亿元，比上年增长12.0%。

---

① 伍建民. 2014. 建设全国科技创新中心的内涵与形势. 前线，（10）：91-93.

② 北京市2016年国民经济和社会发展统计公报. http：//www.bjstats.gov.cn/tjsj/tjgb/ndgb/201702/t20170227_369467.html［2017-02-25］.

③ 李红. “海外赤子北京行”：打造北京人才之都. http：//www.chinatoday.com.cn/chinese/economy/zqzhw/201512/t20151229_800045656.html.

其中，实现技术收入7115.3亿元，增长7.4%。[①]北京市共有众创空间200多家，各类孵化器、大学科技园等服务机构150余家，服务企业和团队超过1.3万家。在全国及北京市“双创”政策的带动下，创新创业服务体系不断完善，创新创业活动日益活跃，为北京科技创新中心建设营造了良好的环境基础。

二、全国科技创新中心建设面临的文化环境问题

北京拥有得天独厚的科技和文化优势资源，然而，我们必须看到，与纽约、伦敦、东京等国外发达地区相比，与建设全国科技创新中心的要求相比，北京还存在着创新意识不强、缺乏支持鼓励科技创新的制度与基础等问题。

（一）创新还没有成为一种文化共识

从目前来看，创新还未成为一种文化共识。倡导学术自由、探索冒险的精神仍然受到种种制约，还没有贯彻到整个社会，“鼓励创新、尊重创造、宽容失败”的社会文化氛围尚未形成。从整个社会文化环境来看，无论是个人还是企业、高校、科研机构、政府部门等集体都表现为创新意识不够强，没有将创新作为精神追求、内在动力。具体表现在以下几个方面。一是科技工作者创新创业的动力不足，受中国儒家中庸文化的熏陶和当前急功近利等不良社会文化环境的影响，良好的科学精神、科学传统尚未真正形成，保守、求稳、学而优则仕和官本位的风气仍较浓重，不畏险阻、勇于探索、求真务实、孜孜不倦的创新精神仍显缺失。二是有些企业家过于追求眼前利益，重产值、重利润，轻资产优化、轻技术进步，拼搏开拓思想不强，缺乏自主品牌意识，把产品创新和技术改造看成是政府行为，在一定程度上看似节约了成本，降低了研发风险，实质上造成企业创办者和广大员工的创新意识淡薄，因而制约了企业的成长与发展。三是与创新相关的规则意识、信用意识、宽容意识等价值观仍然欠缺，一定程度上制约了社会成员和企业的创新积极性。四是创新创业教育还有待加强，存在创新创业教育理念滞后、与专业教育结合不紧、与实践脱节等现象。

---

① 北京市2016年国民经济和社会发展统计公报. http：//www.bjstats.gov.cn/tjsj/tjgb/ndgb/201702/t20170227_369467.html［2017-02-25］.

（二）相关的体制机制有待完善

关于北京地区创新乏力的问题，必须从制度体系上，尤其是要从与创新相关的运行机制和制度保障上寻找根源。一是支持文化创新、科技创新的政策体系不健全，“创新驱动”战略还需进一步落实，文化与科技还有待深入融合发展。二是推动创新创业的运行机制不健全，个人和企业的技术创新效率还不高，众创空间还处于起步和探索阶段，尚未成为大众创业、万众创新的有效载体。三是支持科技创新的政策体系不完善，缺乏宽容失败的相关制度。创新是一件有风险的事情，有风险就会有失败。在当前创新文化氛围还不够浓厚的情况下，需要加强激励科技创新和宽容失败的体制机制建设，促进大众创新创业，并为创新创业者解决后顾之忧。

（三）创新资源尚需进一步整合

从物质层面来看，北京的科技、文化资源整合利用不够，科技创新的文化环境基础有待改善。物质层文化表征着人在物质生产活动中所创造的全部物质产品，以及创造这些物品的手段、工艺和方法。相比观念层文化和制度层文化，物质层文化建设更为直观，对创新的影响更显而易见。为此，北京文化建设所依赖的物质基础还有待改善。与此同时，文化名城、非物质文化等传统文化资源也有待进一步挖掘和开发，尚缺乏彰显北京文化魅力的品牌企业和文化精品，尤其要进一步加强文化创新人才队伍建设，提升文化科技创新的能力，进而为北京建设全国科技创新中心建设奠定扎实的文化基础。

第四节　基于科技创新中心建设的北京文化发展路径

文化对科技创新的作用是多方面的。北京建设全国科技创新中心，不仅需要加强创新文化建设，为科技创新营造一个良好的文化环境氛围，而且需要根据时代发展而不断健全制度文化环境，为科学发展、技术创新提供制度保障，同时，还需要整合文化、科技等各类资源，为科技创新打好坚实的物质基础。

一、加强创新文化建设，让创新成为一种文化共识

创新的原始动力不仅来自于科技，更来自于文化。文化是孕育科技创新中心的母体，真正具有创新力的城市必定根植于深厚的文化土壤，具有崇尚创新、探索冒险、求真唯实、开放合作、包容失败等创新文化特质。加强创新文化建设，关键是要培育创新主体以创新为核心的价值理念，并逐渐让全社会认可创新，使全社会达成“让创新成为一种文化”的广泛共识。

1. 汲取中外文化精华，构建创新文化价值体系

培植创新文化，既不能僵化死守我国的传统文化，也不能简单照搬文艺复兴对希腊古典文化的学习经验，更不能简单移植在西方文化传统基础上生发出来的创新文化，而应立足于我国实际，应大众创新的要求，吸取中外文化精华，建立以创新为主导的创新文化价值新体系。一方面，要挖掘中国传统文化的优秀成果，将中国传统文化中的诸如“自强不息”的进取精神、敢于怀疑的学问精神、“天人合一，和而不同”的和谐合作精神等文化精神发扬光大，使传统文化的合理成分服务于人们的创新创业实践。另一方面，以开放的心态，将创新文化建设置于世界文化的大系统中，广泛汲取国外优秀文化成果，消除我国传统文化中的不利于创新的因素。西方文化中蕴含的崇尚理性和创新的精神、强调人人平等的思想、尊重个人创造的价值观，以及注重逻辑思维、重视实验等思维方式，都应用来丰富和发展创新文化的内容。

2. 通过多种渠道，增强万众创新的主体意识

一是要突出开拓创新、追求卓越、实干拼搏、敢于冒险、团结协作等创新文化核心理念的宣传，充分利用北京已全面建成的公共文化服务体系、科普场馆等科技文化资源，将满足人民群众的基本文化需求与培养、提升创新能力有机结合起来；发挥报刊、广播、电视、网络等媒体的作用，加强对创新的舆论宣传和引导，使创新文化在全社会广为弘扬，营造大众创新创业的良好文化氛围。二是通过举办学术会议、培训班等形式，帮助创新创业者树立正确的创新理念，培养创新创业者持续学习的能力、善于发现和提出问题的能力、勇于承受挫折的能力。三是通过新闻媒体、网络等渠道，助力企业文化建设，强化与创新相关的规则意识、诚信理念、包容观念等价值观的培育，使企业文化真正成为推动企业发展的源泉和动力。

3. 发展创新教育，提高创新文化自觉性

充分发挥教育资源密集的优势条件，将弘扬和培育民族创新精神纳入国民教育的全过程，在基础教育和高等教育过程中，把培养学生的创新意识和创新能力作为教书育人的重点，切实推动“专业与产业对接、教学过程与生产过程对接、课程内容与职业标准对接、学历证书与职业资格证书对接、职业教育与终身学习对接”[①]，摒弃填鸭式教育、应试教育，营造健康文明的创新文化。深入实施科教兴国和创新驱动战略，采用灵活多样的教育形式，使创新精神成为广大民众人生观、世界观的重要内容，不断增强社会民众创新的文化自觉性。

二、强化制度文化建设，为科技创新提供制度保障

在建设全国科技创新中心的过程中，不仅需要牢固树立创新文化价值观，而且需要突破体制机制的障碍，把对创新规律的理解和对创新活动的态度贯穿于体制机制当中，发挥政府制度与政策的杠杆作用，协调好创新主体与社会之间的收益平衡关系，更好地吸引社会资源要素不断投入到创新活动中来，打造良好的科技创新制度文化环境。对于科技创新来说，制度文化环境主要包括科技创新过程中形成的文化传统、法律法规、政策体系等方面。

1. 创新体制机制，突破科技创新中心建设的制度障碍

要争取国家支持，由中央有关部委及北京市政府共同组建北京全国科技创新中心建设领导小组，建立健全部市合作机制，统筹研究解决科技体制改革、央地科技资源整合、政策先行先试、国家项目落地、示范基地建设等重大问题。建立市级统筹协调机制，由北京市委、市政府主管领导牵头，市有关部门共同参与的联席会议制度，协调推进科技创新中心建设各项工作。建立健全市区两级联动机制，引导各区县整合科技和文化各类优势资源，实现产业优化布局和差异化发展。充分发挥市场在科技资源配置中的基础性作用。协调推进首都科研机构、高等院校人事管理制度和教学制度改革，鼓励科技人才在企业和高校、科研院所之间自由流动、双向兼职、创新创业。

---

① 何文明. 教学如何对接职业标准. http://www.moe.edu.cn/publicfiles/business/htmlfiles/moe/s5148/201310/158117.html [2013-10-08].

2. 加大对科技创新的财政税收金融支持力度

根据“财随事走”原则，加大财政支持力度，积极推进设立科技创新支持资金。实施“投贷奖”联动，发挥财政资金放大效应，撬动金融资本和社会资本服务科技产业和实体经济。针对科技研发、企业培育、基地及平台建设等重点领域，定向研究制定系列化、精准化的财政资金扶持政策。争取将更多科技创新产品和服务纳入政府采购范围。建立健全支持科技创新的投融资服务体系，加强银企对接，加快建设科技金融中心，搭建科技投融资服务平台，鼓励私募股权投资机构、风险投资机构等社会资本投资于有发展潜力的科技项目及初创期、成长期的科技企业。支持金融机构根据科技企业的特点和需求，开发知识产权质押贷款、股权质押贷款等金融产品，满足不同类型、不同阶段科技企业的融资需求。

3. 建设完善公共服务平台

建设完善北京市科技创新创业专业资源开放平台、北京市新技术新产品（服务）首发平台，加强科技孵化器、众创空间建设，搭建政府公共服务平台。健全科技信息服务平台，促进科技创新成果与企事业单位的信息共享、供需对接、资源整合。健全交易平台，培育各类科技产品流通市场，加快建设北京产权交易所，支持交易平台的升级改造，促进科技要素的高效流动与优化配置。搭建科技中介服务平台，培育一批市场化运作的科技咨询、知识产权评估、投融资、成果转化、推介交易等中介服务机构。完善知识产权保护与管理平台，深入实施首都知识产权战略，搭建专利权、著作权等知识产权保障平台，建立健全知识产权在创造、运用、保护、管理等环节的工作体系和运行机制。设立企业专利侵权纠纷快速处理通道和信息沟通机制，为企业营造良好的营商环境。

4. 完善促进科技创新的政策体系

研究推动科技创新等方面的立法，明确产业相关主体的权利和义务。充分利用国家科技产业创新实验区的机制优势，推动国家出台的系列科技政策在京先行先试，重点围绕加快对外服务贸易、强化科技金融服务、吸引和培育高端科技人才、扶持小微科技企业发展、优化高精尖产业用地政策等方面，研究制定相关配套政策和实施细则。优化政策统筹协调，建立健全科技政策评价指标体系。完善支持创新创业的法律与政策，建立健全相关的激励政策、风险分担政策、财税扶持政策、利益补偿政策的政策体系。加强现代企业制度建设，运用市场机制，有效激发创新型人才的创造力。建设宽容失败的相关制度，加强项目的过程管理，对于探索性强、风险高的科技项目的科研人员已经履行了勤勉尽责义务仍不能完成的，给予宽容，允许失败而结题，促进形成鼓励探索、开放包容的制度文化。

三、整合多方资源，夯实科技创新中心建设的文化基础

文化作为一种意识形态，必须建立在一定的环境条件下，并需要通过一定的物质载体去表现。因此，建设全国科技创新中心，还需要整合科技、文化等领域的多方资源，夯实科技创新的文化基础。

1. 把传统文化做亮，推动北京成为传承中国传统文化的表率

在加强历史文化名城保护的同时，挖掘历史文化名城中的创新文化内涵，彰显历史文化名城的文化价值。对于非物质文化遗产，在保护与传承过程中，保留传统文化精髓，并根据时代变化不断更新内容和形式，使其长久生存并不断焕发活力。将文化传承保护工作与节庆文化活动、国内外文化交流、对外文化输出等结合起来，既切实保护好首都文化成果，又将其推介到世界各地，增强北京城市文化魅力，并为科技创新中心建设筑牢思想家园。

2. 把文化创新工作做足，使北京成为全球创新文化的一面旗帜

要从文化的思想内容、体制机制、表现形式及传播手段等方面进行创新，充分发挥首都的集聚与辐射功能；要把文化创新驱动作为重要着力点，以文化创新促进科技创新和制度创新，推动文化与科技融合，提升科技产业、文化产业的整体水平和竞争能力；要以文化创新搭建首都创新资源平台，整合利用北京科技、文化、人才等各类资源，促进全国科技创新中心的建成；要让文化创新从根本上改善北京创新环境建设，使首都经济走上高端引领、创新驱动、绿色发展的轨道，率先形成创新驱动的发展格局，营造利于科技创新的良好发展环境。

3. 提高文化科技国际化水平

以“一带一路”建设为契机，积极搭建各类科技文化交流平台。积极融入并参与文化部“一带一路”文化发展行动计划，支持参与“一带一路”沿线国家和地区的科技文化项目援助和专业交流。鼓励利用现代媒体手段在国际范围传播中

国传统文化及北京文化，支持相关项目与产品的开发，提升北京文化的国际传播能力。建设科技文化中外交流机制，搭建企业和人才的走出去和引进来的平台和渠道，鼓励企业与人员的国际交流和互访互学。发展对外科技文化贸易和投资，建设科技文化产品信息国际交流和交易平台。在文化城市建设、遗产保护等领域，支持文化科技企业整合全球科技、文化及产业链优势资源，开展重大科技文化项目合作。鼓励文化科技企业深度参与国际分工协作，开展境外产业投资合作，推动更多文化科技企业走出去。

第六章

大科学装置等重大基础设施对科学中心建设的作用

重大科技基础设施是指具有投资及规模大、意义重大、影响长远等特点，旨在提升国家和地区原始创新能力，关系到国家科学技术发展和国际科技竞争能力的大型设施，如大科学装置、国家实验室、科学城等，其在科学中心建设中具有举足轻重的地位和巨大的推动作用。

第一节　大科学装置对科学中心建设的作用

一、概念的理解

（一）大科学装置的定义

大科学装置是指通过较大规模投入和工程建设来完成，建成后通过长期的稳定运行和持续的科学技术活动，实现重要科学技术目标的大型设施。其科学技术目标必须面向科学技术前沿，为国家经济建设、国家安全和社会发展做出战略性、基础性和前瞻性贡献。①

（二）大科学装置的分类

按照不同的应用目的及主要用途，大科学装置大致可以分为三类。②

第一类，专用研究装置，是为实现特定学科领域的重大科学技术目标建设的研究装置，如北京正负电子对撞机、兰州重离子加速器、超导托卡马克核聚变实验装置、神光装置和大天区面积多目标光纤光谱天文望远镜（LAMOST）。

第二类，公共实验平台，是为实现多学科领域的基础研究、应用基础研究和应用研究服务的，具有强大支持能力的大型公共实验装置，如合肥同步辐射装置及上海光源。

第三类，公益基础设施，是为国家经济建设、国家安全和社会发展提供基础数据的重大基础科学技术设施，如中国遥感卫星地面站、遥感飞机、长短波授时系统、中国西南野生生物种质资源库。

---

① 中科院综合计划局，基础科学局. 2004. 我国大科学装置发展战略研究和政策建议. 科学论坛，166.

② 潘泽生，甄树宁. 2012. 重大科技基础设施在国家创新体系中的地位与作用. 中国高校科技，9：6.

（三）大科学装置的特点

1. 大科学装置的建设和利用特点[①]

（1）科学技术意义重大，同时建设规模和耗资大，建设时间长。

（2）技术综合、复杂，需要在建设中研制大量非标设备，具有工程与研制的双重性。

（3）其产出是科学知识和技术成果，而不是直接的经济效益，建成后要通过长时间稳定的运行、不断的发展和持续的科学活动才能实现预定的科学技术目标。

（4）从立项、建设到利用的全过程，都表现出很强的开放性和国际化的特色。

2. 大型科学装置用于科学研究的特点

（1）以大型科学装置为基础的科学技术研究的出现是科学发展的客观需求，拓展了科学研究的领域，并为科学技术的发展提供了必不可少的研究平台，如欧洲核子中心的大型强子对撞机（LHC）。

（2）在以大型科学装置为基础的科学研究中，所体现的已经不再是某个科学家个人的科学兴趣，而是一个或几个科学家群体的意志，有时是某个科学领域全体科学家的共同事业，甚至是一个国家的科学家和政府共同的决心。

（3）与以个人为基础的科学研究相比，这里需要的不仅是科学的睿智，还有远大的科学眼光、强有力的组织协调和管理能力。同时因为整个工作的实质仍然是科学研究，领导者还必须尊重集体中每个人的首创精神。为应用研究而建造的大型科学装置，通常的目的是为多个领域开展研究提供技术平台。这类大型科学装置的建造工程更多地体现出国家的意志。

二、国内外典型案例

（一）我国大科学装置建设情况

1. 我国的现状

重大科技基础设施是国家科学技术水平和综合实力的重要体现，对国家科学技术的发展具有重要的推动作用。中国科学院是承担我国重大科技基础设施建设和运行的主要力量，目前，已建成并投入运行、正在建设和即将建设的重大科技

---

① 中科院综合计划局，基础科学局. 2004. 我国大科学装置发展战略研究和政策建议. 科学论坛，166.

基础设施共 20 余个。近年来，北京正负电子对撞机、兰州重离子研究装置、合肥同步辐射装置、超导托卡马克核聚变实验装置、中国遥感卫星地面站、长短波授时系统、神光Ⅱ高功率激光实验装置、中国西南野生生物种质资源库、上海光源、子午工程等设施运行稳定、高效，取得了丰硕的成果。这些成果涉及基础研究、应用研究、社会保障等众多领域，其中专用研究设施极大地提升了我国基础前沿研究水平和自主创新能力，公益基础设施为社会发展提供了必不可少的保障，大型公共实验平台对各科学研究领域起到了巨大的推动作用。

以中国科学院为例，已建成的 23 个大科学装置主要分布在 13 个地区，包括北京、上海、合肥、广州、武汉、兰州、昆明、深圳、青岛、东莞、临潼、兴隆、平塘等。其中，北京有 6 个，上海有 4 个，合肥有 3 个，其余分别各拥有 1 个（表 6-1）。

表 6-1　我国大科学装置分布表

序号	分布地区	大科学装置名称
1	北京	正负电子对撞机
2		遥感卫星地面站
3		遥感飞机
4		陆地观测卫星数据全国接收网站
5		航空遥感系统
6		东半球空间环境地基综合监测子午链
7	上海	同步光源
8		神光Ⅱ高功率激光物理实验装置
9		国家蛋白质科学研究设施
10		X 射线自由电子激光试验装置
11	合肥	合肥同步辐射装置
12		稳态强磁场
13		全超导托卡马克核聚变实验装置
14	兰州	重离子加速器
15	昆明	中国西南野生生物种质资源库
16	广州	“实验 1”科考船
17	深圳	大亚湾反应堆中微子实验
18	武汉	国家生物安全实验室
19	临潼	长短波授时系统
20	兴隆	LAMOST
21	青岛	“科学”号海洋科学综合考察船
22	东莞	中国散裂中子源
23	平塘	500 米口径球面射电望远镜

2. 发展目标

今后 15～20 年，从支撑能力的角度考虑，我国大科学装置的发展应实现如下的目标。

（1）建成若干世界一流的多学科实验平台，为在生命科学、材料科学、环境科学等国家重点支持的研究领域内开展世界一流的研究工作提供支撑。

（2）能满足国家战略高技术发展的需求，使相关的研究工作达到国际先进水平。

（3）能在基本科学问题的某些点上，支撑我国的科学家开展有特色的研究工作，取得具有重大科学意义的开创性研究成果。

（4）对国家经济建设、国家安全和社会发展的基础支撑能力要接近发达国家的水平。

（5）依托这些支撑能力，建成若干具有强大国际竞争能力的大型科研基地。

（二）国外典型案例

国际上大科学装置的发展情况，有以下几个明显的发展态势：一是各发达国家在制订国家科学技术发展长远规划和创新体系发展战略时，都把大科学装置的建设作为战略措施，放在极其重要的位置；二是在规划和部署大科学装置的建设时，把支撑多学科研究的公共实验平台型装置放在优先或突出的地位；三是依托大科学装置的大型科学机构的科技创新能力和国际竞争力不断提升；四是大科学装置发展的开放性、国际化的特点有进一步加强的趋势。

1. 美国能源部大科学装置建设情况

美国能源部是美国在基础科学研究方面最主要的管理和资助机构，目前管理着 17 个国家实验室，承担了美国大多数最先进、最大规模的大科学装置建设，如世界上的第一台第四代 X 射线光源——直线加速器相干光源、跻身世界四大脉冲散裂中子源行列的散裂中子源、目前世界上唯一的一台重离子对撞机——相对论重离子对撞机[①]，等等。

（1）已形成一整套管理规范。美国能源部先后制定了《工程管理质量保证指南》《美国能源部绩效基准指南》《美国能源部资本资产工程工程评审指南》等

① 陈娟，周华杰，樊潇潇，等. 2016. 美国能源部大科学装置建设管理与启示. 前沿科学，10（2）：63-70.

一系列管理命令和指南，成为能源部管理大科学装置建设的标准和依据，这些文件不仅适用于大科学装置，对几乎所有的大型建设工程都有重要的指导意义。

（2）建立了较为完善的管理机构与组织框架。能源部通过签订合约的形式将大科学装置的建设承包给国家实验室。整个装置的建设过程：能源部全程干预——主要进行关键程序的监督与评审；承包方则承担研制、购置、组装、测试等具体建设任务。大科学装置的最高管理权威是第一副部长，能源部下设八个办公室，其中科学办公室是能源部支持大科学装置建设最多的部门，主管 10 个国家实验室。

（3）对大科学装置实行全过程管理。一是大科学装置的建设全过程划分为四个阶段，分别是启动阶段、定义阶段、实施阶段和收尾阶段。①在启动阶段，大科学装置的活动集中于制定工程的战略目标和科学目标上。②在设计阶段，根据用户的要求、风险、费用、安保、环境和其他约束条件，确定初步技术方案。③在实施阶段，进行详细和最终设计，并以此进行设备采购和工程实施；改进和优化费用估算、进度等，确立绩效基准。④当装置达到工程实施计划中规定的竣工标准，意味着工程进入收尾阶段，标志着将移交运行机构进行运行和维护。

二是明确了建设管理要点。总费用在 200 万美元或以上的大科学装置的经费与进度控制要求采用先进的项目管理方法——增值管理；采取定性和定量分析，进行风险管理；编制大科学装置质量保证计划，明确质量标准，确定工程质量负责人，并通过加强采购管理，获取高质量的物资和服务。

2. 德国大科学装置

（1）大科学装置建设现状。在德国亥姆霍兹国家研究中心联合会 18 个大研究中心中，有多个大科学装置运营中心，承担着一大批大科学装置的运营，包括加速器系统、实验设施、科考船或超级计算机等，每年都有近万名来自世界各地的科学家使用这些装置。德国在基础研究大型设施方面的投入也是比较稳定的，并且增长趋势明显，如 2015 年已经达到了 12 亿欧元。

（2）建设方式。德国的大科学装置运营中心属于国立科研机构，其建设由德国亥姆霍兹国家研究中心联合会负责。建设方式主要有德国独立建设和国际合作建设两种：①德国独立建设的装置一般由联邦政府和装置所在州按照 9∶1 的比例共同出资；②国际合作共同出资建设和管理，已成为大科学装置建设普遍采用的方式。在新的大型研究基础设施建设路线图确定的 15 个大科学装置（表 6-2）中，只有 7 个将由德国独立建设，其余都将与其他国家共同建设。

表 6-2　德国大科学装置建设情况

序号	大科学装置名称
1	柏林能量回收直线加速器项目（BERLinPro）
2	切伦科夫辐射望远镜阵列（CTA）
3	欧洲超大天文望远镜（E-ELT）
4	超强激光装置（ELI）
5	欧洲散裂中子源（ESS-Social）
6	欧洲散裂中子源（ESS-Spallation）
7	反质子与离子研究装置（FAIR）
8	自由电子激光装置（FLASH II）
9	“北极星号”科考船（POLARSTERN）
10	“海神号”科考船（POSEIDON）
11	“太阳号”科考船（SONNE）
12	高斯超级计算中心（GCS）
13	气候超级计算机（Klimachner HLRE 3）
14	核聚变实验装置（W7-X）
15	欧洲 X 射线自由电子机关装置（XFEL）

资料来源：王敬华. 德国大科学装置运行服务及管理评价机制. 全球科技经济瞭望，2016，31（10）：23-28.

（3）运行和管理。大设施运营采用公司制，理事会为高决策机构，此外，还设有行政和财务委员会、机械咨询委员会、科学咨询委员会等 6 个委员会，共同参与管理。对外部用户提供共享服务是大科学装置的一项重要任务。在知识产权管理方面，各大科学装置是以协议方式明晰各方责任和义务的。同时建立了长效的评价机制：一是立项建设前评估；二是建成后对运行及服务的评价。

3. 英国大科学装置

（1）发展战略。从 2010 年开始，英国财政部每年都更新发布国家基础设施发展计划，其中包括前沿科学基础设施的投资。英国研究理事会 2010 年发布了大型设施路线图，2012 年发布了资本投资的战略框架计划——《为经济增长进行投资：面向 21 世纪的科研基础设施投资》。2014 年 12 月发布了《我们的发展计划：科学和创新》，确定了英国未来科技战略投入的原则，对英国科技投入的优先级选择及科学基础设施投资进行了规划。①

（2）管理方式。英国对大科学装置和大科学项目的管理主要按专业领域由 7 个专业研究理事会负责。科技设施研究理事会是英国大科学装置管理的主要机构，也是欧洲最大的多学科研究机构之一，负责资助英国在粒子物理、核物理、空间科学和天文学等方面的研究和相关领域大科学装置的管理，年度预算约为 5.63 亿英镑。

（3）使用和评价。大科学装置是向社会开放的，鼓励科研合作和共享，并通过大学区域协作网络进一步推动设施共享。在使用评价方面，一是高等教育拨款委员会针对"科研成果质量"、"科研环境活力"和"科研影响力"三项指标进行评价；二是专业科研管理部门主要侧重于对大科学装置的影响力进行分析评价；三是英国国家审计办公室对大科学装置运行经费进行审计。

4. 日本大科学装置

（1）相关政策与决策立项过程。1986 年日本政府制定科学技术政策大纲，将"加强科技振兴基本条件建设"作为推进科技政策的重要措施，有力地促进了大科学装置的发展。自 1995 年以来，日本推出了 3 期科技基本计划，均强调必须有重点地加强大型研究装置等先导型设备的建设。2006 年开始实施的第三期科技基本计划，还首次提出了"国家基于（关键）技术"的概念，将太空运输系统技术、海洋地球监测勘探、快中子增殖堆（FBR）循环技术和下一代超级计算机等列入此范畴，要求在明确的国家目标和长期战略的指导下，作为国家大规模科技项目在基本计划期间集中投资。②

（2）管理与决策。2001 年前，大科学装置建设分别由文部省和科学技术厅主管。之后改由文部科学省的大臣官房文教设施部、研究振兴局和研究开发局三个部门分别主管重大科学装置的基本政策、计划和预算编制，基础研究、重点领域方面的重大科学装置建设，以及太空与航空领域、核能领域及海洋地球与环境领

① 杨耀云. 2016. 英国大科学装置的管理及运行服务评价. 全球科技经济瞭望，31（10）：35-59.

② 吴松. 2008. 日本重大科学装置的发展现状与趋势. 全球科技经济瞭望，23（11）：44-50.

域方面的重大科学装置建设。在决策立项方面，一般由科学家、学术团体或承担国家科技战略计划的建设主体单位调查研究并提出项目建议，经论证后提交政策主管部门文部科学省。文部科学省则根据国家科技政策计划对其进行初步研究，在评估、审议通过后向综合科学技术会议和财务省提出项目计划和预算要求。

（3）发展趋势。日本政府对大科学研究项目的经费投入比较大，2001年以来，对大科学研究项目的财政投入每年在1800亿～2000亿日元的水平，总体上呈上升之势。重大科学装置的设置地点主要集中在关东地区，多在首都东京周边，目前，日本政府计划将大科学项目向地方扩展，一些地区为吸引大科学项目及设施的落地，分别制定了相关的优惠政策，取得了一定的效果。

三、大科学装置发展趋势及作用

（一）大科学装置的集群发展趋势

美国、德国、英国、日本等发达国家均依托大科学装置群，建立了综合科学中心，优化整合科技资源，开展国际一流的大科学研究，取得了一系列重大成果，不断抢占未来科技发展制高点，有力地推动了科技创新与经济发展。国外大科学装置群的总体特征是：科研力量集中、科研任务集中、国家投资集中，学科多样、学科交叉，产生重大科学发现及突破重大新技术的能力强。

1. 大科学装置的集群优势

优势之一是，依托重大创新基地形成的大科学装置集群，能够交叉互补、协同创新。①促进学科发展，通过多个大科学装置可以开展多学科交叉研究，产出重大创新成果，衍生新兴学科；②在更深、更广、更新领域实现重大基础性、原始性创新，产生技术革命，推动经济社会发展；③有利于破除体制机制壁垒，推动科研组织模式创新，形成创新合力。优势之二是，有利于产生集群效应。①由于规模和技术上的先进，以及可能实现的重大突破，极易形成区域的标杆；②集群装置的建设和运行过程中形成的新知识和新成果，以及对人才的培养等，产生“溢出效应”，带动区域经济发展；③由于高端要素资源的高度集聚，创新资源的全球配置，通过科技创新增强国际高科技地位，使高技术产业发展得以强化，并对增进社会福利和全民科学素质提升起到积极作用，从而形成了科技与经济社会较强的互动。

2. 我国大科学装置集群建设的基础

随着大科学装置的加速建设和发展，我国若干地区已经形成了大科学装置集群的基础。例如，北京综合研究中心已经成立并启动建设，在“十三五”期间，4个大科学装置将落户北京，形成大科学装置的集聚，初步预算，项目总投资达60亿元。在其他地区，合肥已经拥有在建和运行的4个大科学装置，上海在建和已经运行的装置已达4个，并且集中在张江开发区。还有兰州和东莞等也初步具备了大科学装置集群建设的基础。

（二）大科学装置的作用

1. 推动科技创新

大科学装置是世界上最为复杂和先进的科学和技术集合体。其科技创新大致表现在三个方面。一是在规划设计阶段，为保证大科学装置的超前性、创新性和专用性等，对其本身的前期预研、建造设计即是一个重大科研项目，并且具有重大的创新内涵。二是在建造阶段，因为需要各类非标准的、定制的关键零部件和配件，所以对材料、零件供应商也提出了二次研发的需求，这就是非标采购导致的需求创新。三是在运行阶段，包括科学发现、高技术研究及企业技术研发等活动，将依托重大基础设施开展相关研究，这也是大科学装置建造的实质意义的体现。

2. 促进经济发展

一是创造了新的经济活动，包括建造及运行过程中的直接就业和开支、外地用户及访问者带来的消费。二是产生了新的就业机会，包括在装置内工作的或为装置提供材料或服务的长期职位，也包括在建造和运行过程中产生的临时职位。三是衍生了新的企业，大科学装置建造和运行过程产生的技能、技术和知识会促成新企业的诞生，这些新企业可能经营大科学装置所需的非标准工具、零件或配套软件等领域，此外，大科学装置带来的新技术也会以衍生公司的形式实现商业化。四是通过集聚效应给本地经济带来更多资源，作为先进的、昂贵的科学工具，大科学装置会促成以所在地为中心的各类资源集聚。

3. 培养高科技人才

一是吸引世界级的高水平专家，大科学装置的设计、运行和研究需要很多尖端技术支撑，同时先进的研究设施对世界各国研究者又具有很强的吸引力。二是培养高素质的劳动力，大科学装置为所在地劳动力市场提供大量的高素质劳动者，这些人才会转入产业界及其他公共部门。三是通过知识与能力的扩散和交换提升本地人力资本水平。大科学装置的职员会流动到其他部门或领域，这些专家的知识和能力因此转移到产业界、大学或其他研究机构，实现知识的扩散和交换。

四、大科学装置建设的几点启示

（一）统筹规划，优化布局，加快推进大科学装置的开发建设

一要继续积极参与国际大科学装置项目，参与国际前沿科技竞争。二要敢于发起新的大科学计划，设计新的大科学装置，探索新领域和吸引全球的优秀人才。三要逐步形成大科学装置的集群效应，积极促进学科交叉，努力降低管理成本，促进与大学和研究机构相联合，更好地服务于基础科学研究目标，提升多学科原始创新能力，形成协同效益和综合优势。

（二）制定和完善国家层面对大科学装置建设的管理细则

我国大科学装置建设已列入国家规划，立项方面正逐步走入正轨，但建设方面的问题仍然存在，应尽快制定和完善国家层面对建设管理方面的细则，使我国大科学装置的建设有法可依。探索制定切实可行的各类管理体制，引入市场化运营机制，为大科学装置长期高效运行提供制度支撑。

（三）加强管理，提高大科学装置的开放共享

借鉴国际先进管理经验，细化管理制度和流程，强化事前评估和事后评价体系建设，并利用好评价结果，逐步提高开放共享程度，切实提高大装置的运行服务效率和成果产生率。强化装置向社会的开放程度，鼓励外部科学家和科研团队使用大科学装置，支持与其他国际合作利用大科学装置。

（四）建立大科学装置绩效评价机制

采取分类评价方式，建立一整套绩效评价体系，开展建设绩效和运行绩效评价活动。建设期间的绩效评价，对装置建设目标是否实现、质量是否达到要求、进度是否拖延、经费执行是否合理、管理是否按照国家规范进行等因素设立评价指标。运行期间，主要针对装置的运转维护、使用效率、成果产生、社会知名度、国际影响等方面进行定期评价，以促进其高效运行。

第二节　国家实验室对科学中心建设的作用

一、概念的理解

（一）概念

国家实验室是以理工科为学科基础，通过资源重组和系统优化，构建适应科学前沿研究和国家战略发展需要，具有基础性、前瞻性和战略性，旨在提高国家整体科技创新能力的高科技研发系统。其基本组成要素可以概括为：①一流的、有创新能力的、研究与育人相结合的队伍；②精良而完备的设备；③持续而有保障的经费；④先进而合理的机制。

目前，国内对国家实验室的较统一的定义是以基础好、实力强、水平高、研究型大学和科研院所为依托，在现有国家重点实验室和其他相关实验室基础上联合而成的体量较大的高起点实验室。实验室的发展目标是发展成为规模较大、学科交叉、人才汇聚、管理创新的国际一流实验室。①

（二）建设国家实验室的意义

1. 增强原始创新能力，提高国家核心竞争力的重要举措

新一轮科技发展战略蓝图的实现需要有强大的技术平台和体制平台支撑。借鉴发达国家的经验，组建国家实验室，可实现多学科交叉，形成优势资源和一流

---

① 姚咏花. 2009. 国家实验室管理体制研究—— 以武汉光电国家实验室为例. 华中科技大学硕士学位论文.

人才的集聚，充分体现国家目标的战略需求。

2. 应对世界重大科学问题挑战的迫切需要

当今的科学研究日益体现出前所未有的多样性、复杂性。围绕重大的科学问题，应对严重的突发事件，在生命科学、材料科学及信息科学等领域组建国家实验室，组织大体量的团队攻关，是重大原始创新的基础，符合国家利益，也顺应了科学研究发展的潮流。

3. 聚集科技创新团队，培养高层次创新人才的有效途径

科技创新，关键是人才。凝聚和培养高水平创新人才是科技发展的需要。通过国家实验室的建设，可以逐步形成完善、先进的科技基础设施和良好的创新环境，吸引和凝聚国内外大批高层次、高素质的优秀科技人才，形成一支高水平且相对稳定的优秀研究群体和团队。

4. 建设世界一流大学的战略需要

依托部分综合实力强大的高水平研究型大学建设若干国家实验室，将极大地推动我国大学的科技体制改革和科技创新核心竞争力的迅速提升，对于实现中央提出的建设若干所世界一流大学的构想具有极其重大的战略意义。

二、国内外典型案例

（一）我国国家实验室分布情况

2003 年，随着“国家科技条件基础平台建设”（科技部）和“创新能力建设”（国家发展和改革委员会）规划的启动，以及《国家中长期科学和技术发展规划纲要（2006—2020 年）》中就“科技条件平台与基础设施建设”以专题战略研究形式提出后，至今已建成了北京凝聚态物理国家实验室（中国科学院物理研究所）、合肥微尺度物质科学国家实验室（中国科技大学）、武汉光电国家实验室（华中科技大学）、清华信息科学与技术国家实验室（清华大学）、北京分子科学国家实验室（北京大学）、材料科学国家实验室（中国科学院沈阳金属研究所）6 个国家实验室，这对促进国家科技事业和其他相关产业的发展起到了积极的作用。

2006年，国家批准的第二批在海洋、航空航天、人口与健康、核能、新能源、先进制造、量子调控、蛋白质研究、轨道交通、农业领域的10个待建国家实验室也相继开始运作。我国国家实验室分布情况如表6-3～表6-5所示。

表6-3 中国国家实验室名单（2003年前已建成）

序号	国家实验室名称	年份	依托单位	城市
1	国家同步辐射实验室	1984	中国科学技术大学	合肥
2	正负电子对撞机国家实验室	1984	中国科学院高能物理研究所	北京
3	北京串列加速器核物理国家实验室	1988	中国原子能科学研究院	北京
4	兰州重离子加速器国家实验室	1991	中国科学院近代物理研究所	兰州
5	沈阳材料科学国家（联合）实验室	2000	中国科学院金属研究所	沈阳

资料来源：徐治国. 2011. 国家实验室缘何难产. 科学新闻，11：72-74.

表6-4 中国国家实验室名单（2003年科技部批准筹建）

序号	国家实验室名称	年份	依托单位	城市
1	北京凝聚态物理国家实验室（筹）	2003	中国科学院物理研究所	北京
2	合肥微尺度物质科学国家实验室（筹）	2003	中国科学技术大学	合肥
3	清华信息科学与技术国家实验室（筹）	2003	清华大学	北京
4	北京分子科学国家实验室（筹）	2003	北京大学、中国科学院化学研究所	北京
5	武汉光电国家实验室（筹）	2003	华中科技大学、中国科学院武汉物理与数学研究所、中国船舶重工集团公司第七一七研究所	武汉

资料来源：徐治国. 2011. 国家实验室缘何难产. 科学新闻，11：72-74.

表6-5 中国国家实验室名单（除海洋实验室尚未经过批准）

序号	国家实验室名称	年份	依托单位	城市
1	青岛海洋科学与技术国家实验室	2006	中国海洋大学、中国科学院海洋研究所等	青岛
2	磁约束核聚变国家实验室（筹）	2006	中科院合肥物质科学研究院、核工业西南物理研究院	合肥
3	洁净能源国家实验室（筹）	2006	中国科学院大连化学物理研究所	大连
4	船舶与海洋工程国家实验室（筹）	2006	上海交通大学	上海
5	微结构国家实验室（筹）	2006	南京大学	南京
6	重大疾病研究国家实验室（筹）	2006	中国医学科学院	北京
7	蛋白质科学国家实验室（筹）	2006	中国科学院生物物理研究所	北京
8	航空科学与技术国家实验室（筹）	2006	北京航空航天大学	北京
9	现代轨道交通国家实验室（筹）	2006	西南交通大学	成都
10	现代农业国家实验室（筹）	2006	中国农业大学	北京

注：除海洋实验室均尚未经过批准立项.

资料来源：徐治国. 2011. 国家实验室缘何难产. 科学新闻，11：72-74.

（二）国外国家实验室建设及管理

美国的科技管理体制属多元分散型，由行政、立法、司法三个系统不同程度地参与国家科学技术政策的制定和科技工作的管理。美国科技研究与开发实验室建设中，白宫与国会是科技政策的核心决策与咨询机构。通过科技政策与法律法规的制定、科技研究开发经费的分配和研究项目的咨询等手段，对全国的科技活动施加直接或间接的影响。

欧洲比较典型的以德国马普学会为例，实行会员管理制。研究机构管理层实行任务和协议制。资金也大都来自政府，但在经费分配方面引入竞争机制，一般按照项目质量确定经费分配。人员采取公开招聘的办法，通过不断引进人才促进人员流动。在仪器设备使用方面，原则上向所有科研机构和科学家开放，而且大部分是无偿提供。在监督与评估方面，核心是同行评议，不仅评估研究的成果和质量，更注重对研究中心机构设置和资源分配提出相关建议，而且只有在同一学科领域有显著成绩的科学家才有资格对同行进行评议。

日本则实行相对独立的自我管理体制，采用主任研究员制。资金来源比较多元化，基本有政府预算、企业和政府补贴。经费是按照严格的财务会计制度来进行分配的。在人员聘用方面，实行的是比较有弹性的公务员人事管理制度，即固定与流动、专职与兼职相结合的方式。实验设备管理上面与美国类似，对设备的共享程度进行了加强。在监督与评估方面，采用事前评价、中期评价和事后评价三阶段评估，由相当于同行专家组成的顾问委员会对其进行评价，也是同行评议。

1. 美国国家实验室案例分析

美国国家实验室是美国联邦政府在特定时期，根据当时的国家战略任务导向建立的一些肩负“国家使命”的科研场所和设施，既包括由联邦政府及其组织机构统筹投资管理的实验室，也包括其投资但委托大学或其他组织管理的实验室。可以说，美国的国家实验室体系自其建立以来，一直扮演着美国国家创新核心力量的角色，为美国科技与经济发展做出了巨大贡献。

1）美国国家实验室的建设理念

满足国家重大战略需求是美国设立国家实验室的主要使命和根本动机，高效完成这些“国家使命”是强大且持久的建设实验室的动力。根据这一使命，美国国家实验室大多遵循“任务导向”原则，即根据国家的战略性科研需要，国家资本介入到国家实验室从筹建到运营的各个步骤的评估基准和参照标杆的管理。

2）美国国家实验室的战略布局

从战略布局来看，美国国家实验室主要有两类：国防类科研和非国防类科研，二者相辅相成。国防类科研是国家实验室的核心任务，占总预算的50%以上（如2011年为58%，2013年约为53%）；非国防类科研约占40%（如2011年为42%，2013年为47%），其主体是卫生保健类科研。美国国家实验室是联邦政府将国家资本长期而稳定地投入并享有成果的、以国家安全和卫生健康两大科研领域为主的人力和物力资产。

3）美国国家实验室的设立

美国国家实验室的成立，一般由议员提案，参议院讨论通过，众议院成立筹款委员会，总统签署基于某个部门的授权法。例如2005年，依照当年的《美国航空航天局授权令》，成立了美国国际空间站国家实验室（ISS-NL），然后辅以当年财政拨款令，按照机构法、国家资产数据库、技术转移法等标准成立并运营，由参议院组成的实验室核心审核小组考核实验室运营和成果。总体来讲，在具体筹建国家实验室的过程中，临时组建的各种委员会对国家实验室的成立起到促进作用，相关法律、法规则起到规范作用。

4）美国国家实验室的分类

根据不同的所有者和管理者，美国的国家实验室主要分为国有国营（GOGO）、国有民营（GOCO）和民有民营三类。国有国营实验室是政府职能部门下设机构，一般由联邦政府各部门出资设立并直接参与管理，卫生与公共服务部下属的美国国立卫生研究院（NIH）、商务部下属的国家标准和技术研究院（NIST）、农业部下属的农业研究局（ARS）均属此列。国有民营实验室尽管也从属各部门，但一般通过签订合同的方式委托给大学、企业和非营利性机构加以管理，所属部门一般不干预。国有民营实验室同样也由政府出资，但与国有国营不同的是，其由高校、学术界或企业中被政府选中的承包商进行管理。目前多数国有民营实验室由能源部管理，其中著名的有麻省理工学院的林肯实验室，加利福尼亚大学的劳伦斯・伯克利实验室等，此外还有加利福尼亚大学管理的洛斯・阿拉莫斯国家实验室。民有民营实验室的主要资金来源于企业投入，并由企业直接进行管理，政府只资助部分研究经费。根据不同的使命，美国的国家实验室主要分为三类：国防实验室、国防部实验室和民用实验室。

5）美国国家实验室的绩效评估

国家实验室的绩效评估结果决定着实验室获得拨款的情况。目前，美国联邦政府对国家实验室的绩效评估已经形成了一套科学的目标和指标体系，以及严格完整的评估程序和方法。绩效评估从两个方面来进行；一方面是对实验室科学技术成就的评估，另一方面是对实验室管理和运行成绩的评估。同行评议成员既有同领域的高水平技术专家，也包括一些财务管理方面的专家。由于利益中立，同行评议具有较强的权威性。

2. 其他国家实验室案例分析

1）德国的联邦技术物理研究所

该所建于 1884 年，原名帝国技术物理研究所，相当于德国的国家计量局，以精密测量热辐射著称。19 世纪末，该研究所的研究人员致力于黑体辐射的研究，导致了普朗克发现作用量子。可以说这个实验室是量子论的发源地。

该实验室走出了两位物理学史上的重要人物。

第一位是 1911 年诺贝尔物理学奖获得者维恩（Wilhelm Wien，1864—1928），他曾是该实验室的理论带头人，在这里工作长达近十年的时间。他的主要贡献是发现了几个重要的热辐射定律。

第二位是 1918 年诺贝尔物理学奖得主普朗克，他发现的能量级对物理学的进展做出了重大贡献。他是继维恩后曾在该实验室工作的一位重要的学术带头人。

2）英国的国家物理实验室

英国的国家物理实验室，是英国历史悠久的计量基准研究中心，创建于 1900 年。1981 年分 6 个部，即电气科学、材料应用、力学与光学计量、数值分析与计算机科学、量子计量、辐射科学与声学。

作为高度工业化国家的计量中心，与政府各部门及全国工业、商业机构有着广泛的日常联系，对外则作为国家代表机构，与各国际组织、各国计量中心联系。它还对环境保护，如噪声、电磁辐射、大气污染等方面向政府提供建议。英国国家物理实验室共有科技人员约 1000 人，1969 年最高达 1800 人。

3）欧洲核子研究中心

欧洲核子研究中心创立于 1954 年，是规模最大的一个国际性的实验组织。它的创建、方针、组织、选题、经费和研究计划的执行，都很有特点。1983 年在这里发现 W±和 Z0 粒子，次年该中心两位物理学家卡罗·鲁比亚（Carlo Rubbia）和西蒙·范德梅尔（Simon van der Meer，1925—2011）获诺贝尔物理学奖。

欧洲核子研究中心是在联合国教科文组织的倡导下，由欧洲 11 个国家从 1951 年开始筹划建立，现已有 26 个成员国。经费由各成员国分摊，所长由理事会任命，任期 5 年。下设管理委员会、研究委员会和实验委员会，组织精干，管理完善。研究人员达 9000 人，多为招聘制。这是一个旨在探索“宇宙开始时最基本的东西是什么”等问题的纯科学的物理研究机构，也是当今世界上规模最大的科学实验室之一。来自包括中国在内的世界 80 多个国家的 6000 多名物理学家曾在此工作过。欧洲核子研究中心在粒子物理研究领域已经取得了一些举世瞩目的成果，从而成为名副其实的核子研究中心。

4）瑞士保罗谢勒研究所

瑞士保罗谢勒研究所（Paul Scherrer Institute，PSI）是瑞士科学和技术的多学科研究中心。在与国内外大学、其他研究机构和工业界的合作中，PSI 在固态物理、材料科学、基本粒子物理、生命科学、核与非核能研究及与能源有关的生态学的研究中非常活跃。

该机构是瑞士最大的国家研究所，有雇员 1200 人，是瑞士唯一一所该类型的研究所。研究的重点是基础研究和应用研究，特别是对与可持续发展有关的领域，以及教育和培训具有重要意义。其研制和运行需要特别高标准的技术诀窍、经验和专业的复杂研究设施，拥有散裂中子源、瑞士光源（SLS）等大科学装置，是世界科学界主要的用户实验室之一。

（三）国外国家实验室的经验与启示

以美国为例，国家实验室一般隶属于联邦的政府部门，如能源部、国防部、NOAA（美国国家海洋和大气管理局）、NASA（美国国家航空航天局）等，由联邦政府拨款支持，而交由知名大学来代管。美国从 20 世纪上半期开始建立国家实验室制度，至今已经建成了一个完善的国家实验室系统。美国的国家实验室是美国的第三大科研群体，培养了很多诺贝尔奖得主，获得了无数先进的科研成果。其成功的主要因素如下。一是国家的大力投入。国家每年投入经费近百亿美元，为科研活动的顺利开展提供了充足的资金。二是和高校的紧密结合。所有实验室都和一流大学有着密切的合作关系，甚至著名的喷气推进实验室与加州理工学院在很多人心目中都成了同义词。高校有一流的学者，而实验室可以提供经费和项目，这种紧密的结合无疑给科学研究配置了强大的推进器。三是推动大型科研项目。所有这些大型的国家实验室发展的趋势都是进行各学科的渗透和综合研究，同时开展大型的研究项目。每个实验室都拥有丰富的人力和物质资源，也只有它们能够开展这样的大规模研究。

第三节 科学城对科学中心建设的作用

一、概念的理解

（一）概念

科学城起源于 20 世纪 40 年代，以苏联的科学城建设为开端。卡斯特（Castell）和彼得·霍尔（Peter Hall）认为科学城是严格意义上的科学研究综合体，它们和制造业没有地域上的直接联系，建立这些科学城的意图是要通过它们在僻静的科学环境下产生协同作用，从而达到高超的科研水平。

我国相关专家认为，科学城作为科研机构和高等学校的集结地，主要从事基础研究和应用研究，并通过技术开发对周边地区及其企业产生辐射效应。

（二）科学城分类

芬兰学者安蒂若科（Anttiroko）根据科学城发展类型的不同将其分成了三类：第一类是，以科学为基础的新城镇建设，如日本筑波科学城、韩国大德科学城和苏联新西伯利亚科学城；第二类是，地方或区域发展项目，如日本的关西科学城和英国的约克科学城；第三类是，科学园区的拓展——注重高科技产业发展与地方的互动，如瑞典的西斯塔科学城。

二、国内外科学城建设情况

（一）我国科学城建设情况

我国科学城的建设始于20世纪80年代。在我国，科学城相当于高新区中的科技园区或大学科技园区。当时，这类科技园区在我国遍地开花，数量众多。近年来，我国大学科技园发展迅速，成果显著，但目前依托高校的科技园区中以科学城命名并且建设规模和内容上能和世界知名科学城媲美的还非常少。其存在的问题主要有基础研究投入少、自主创新能力弱、主导创新产业雷同、建设和运营模式单一、相对封闭并缺乏风险投资资金等。

尽管如此，科学城在我国未来的发展中面临很好的机遇："十二五"期间，科技部和教育部采取了一系列的有效政策和措施，极大地提升了国家大学科技园的质量和效益，规范了园区建设的评价体系，完善了园区的管理体制和运营机制，支持和培育出了一批高水平的国家大学科技园。"十三五"时期，科学城建设更是明确被提出，并且纳入了发展规划之中。北京关于加强全国科技创新中心建设的"十三五"规划中，明确提出了三大科学城的建设，国务院关于建设全国科技创新中心总体方案中更是把中关村科学城、怀柔科学城、未来科学城的建设放在了首要位置上。

1. 中关村科学城

1）总体发展战略

（1）总体思路。以提升自主创新能力为核心，以战略性新兴产业为发展重点，突出体现"机制为本、协同为径、服务为基、引领为任"四大战略，不断激发区域创新主体活力，进一步营造良好的创新创业环境，构建协同联动的区域创新体系，加速一批前沿领域关键技术突破与重大创新成果产业化，强化在全国乃至世界范围内的引领示范和辐射带动作用，为首都率先实现创新驱动发展格局、建设中国特色世界城市提供强大支撑，成为引领我国抢占世界新一轮科技与产业发展制高点的先锋区域。

（2）发展战略。一是机制为本，激发主体活力。全面探索有益于盘活区域高校、科研院所、企业机构、政府等各类创新主体的体制机制，最大限度地释放创新主体的能量和发展活力。通过整合区域各类创新资源要素，进一步强化政府推动、中介机构服务支撑的创新服务协作功能，形成整体创新合力；二是服务为基，增强创新支撑力。围绕知识创新与技术创新主体成长发展与对接合作需要，强化政府与中介服务机构及社会力量的服务作用，通过搭建重点行业专业技术研发平台和技术创新支撑平台，强化政府政策引导扶持、创新中介机构组织形式和服务方式等途径，为创新创业提供强大支撑；三是引领为任，提升集聚辐射力。以全球化开放合作视野，进一步强化对全球高端创新资源要素的吸引力和集聚力，提升区域创新能力和国际竞争力，勇挑国家创新引领重大使命，掌握世界新一轮科技与产业发展主导权，同时依托区域内技术交易转移机构和各类专业服务平台，加速区域技术、标准与品牌的输出，发挥首都人才、科技、信息、资金等创新资源辐射带动国内区域创新发展的龙头作用。

2）鼓励创新的政策措施

（1）支持一批市场化运作的新兴源头技术创新机构。一是建立国家级创新平台基地，重点培育新兴源头技术创新机构。以中关村建设全球影响力的创新中心为契机，向国家和北京市有关部门申请建立国家级创新平台基地，面向全球引才引智，营造优越的科技创新环境，及早谋划，做好顶层设计和政策扶持，培育一批新兴源头技术创新机构，促进研发项目、创新基地和优秀团队互动发展。二是研究出台扶持新兴源头技术创新机构发展的政策措施。建议以北京市委、市政府名义研究出台“中关村科学城关于促进新兴技术创新机构发展的若干意见”及实施细则，明确新兴技术创新机构在创新体系中的定位和重要作用，制定扶持新兴技术创新机构发展的一揽子政策措施，鼓励境内外组织、企业、高校及个人以多种形式创办这类机构。

（2）强化覆盖企业全生命周期的投融资服务链。进一步整合现有的金融资源，进一步完善多层次的资本市场，对企业不同阶段的需求提供有针对性的支持，尤其对中小企业和新兴产业给予适当的政策倾斜。此外，政府要着力突破阻碍科技金融机制发展和完善的各种障碍，减少审批环节，提高服务效率，通过政府支持和市场机制的合力，强化覆盖企业生命周期的投融资服务链，切实打破企业不同成长阶段的融资瓶颈。

（3）加大对新型创新服务组织的支持力度。支持企业和科研单位、高等学校联合组建共性技术研发平台和专业化产业技术创新战略联盟，搭建权威的联盟信息平台，各联盟会员之间建立透明的交流通道，开展灵活、多样、面向需求的技术合作与转让，交流管理经验，实现优势互补，并积极探索市场经济条件下产学研用合作的投入和利益分配机制。对于枢纽型创新服务组织，在发展初期，政府要大力支持和引导，制定培育这类新型创新服务组织的政策，在税收减免、租金补贴、降低运营成本、提供配套设施等方面提升服务水平，同时加强监管，确保资金落在实效。

（4）鼓励企业通过总部经济模式构建跨区域创新链条。一是鼓励国内其他区域各类型高科技企业在北京设立独立研发总部或与首都科研机构在京联合共建研发中心。二是支持在京科研机构以总部经济模式在国内其他地区推动科技成果产业化。三是支持在京企业以总部经济模式在国内其他区域设立区域性研发中心、中试基地和创新成果产业化新基地。

2. 张江科学城

张江科学城，围绕“上海具有全球影响力科技创新中心的核心承载区”和“上海张江综合性国家科学中心”两大目标，在张江高科技园区的基础上，转型发展成为中国乃至全球新知识、新技术的创造之地，以国内外高层次人才和青年创新人才为主的现代新型宜居城区和市级公共中心。

1）张江科学城配套功能定位及十大需求

（1）以多元化机制提升科学城居住功能。鼓励社会力量和民间资本参与人才公寓的建设和经营管理，支持大型企事业单位利用存量用地建设员工宿舍，对人才团队给予住房补贴。提升科学城居住用地比例，加快人才导入的居住配套。结合科学城形态，根据人才居住多样化需求，规划建设青年公寓、科学家公寓和企业家公寓，以及商品住宅、员工宿舍、酒店式公寓、国际社区等。

（2）以市场化机制推动优质教育集聚功能。引进建设国际一流的创业大学和产业大学；支持新技术新模式的职业培训；大力推进一批高水准公建配套学校建设，以新机制加快布局国际学校、民营学校（幼儿园、托儿所）的集聚，探索在公立学校开设国际班，试点海外人才子女弹性教学制。

（3）以国际化机制打造亚太医疗服务中心功能。推进医疗服务先行先试，以国际医学园区功能开发为重点，引进国内外高端医疗机构，构建以三甲医院为龙头，专科医院、社区医院和第三方检测平台、养老康复、精准医疗、远程医疗相配套的多层次医疗卫生服务体系。

（4）以高标准、新机制完善轨道交通为骨架的公交枢纽功能。按照中心城区的标准配套张江的公交枢纽功能。加强轨道交通站点密度和短驳车配套，动态优化调整公交线路，加强公共停车场和充电桩停车位建设，鼓励推广使用新能源汽车和新能源车分时租赁系统。以新机制支持员工拼车、共享单车、网约车平台等共享交通。进一步完善南部核心区的路网建设。

（5）以创新模式打造张江科技文化活动中心功能。以政府引导、官助民办等新模式加快建设张江科学城综合图书馆、文化艺术活动中心、科技数字图书馆，同时建设文化街区和社区文化中心、青少年活动中心和儿童游乐场所。

（6）以全民健身导向建设科学城相配套的体育设施。建设张江科学城综合体育馆、健身中心、水上运动场所和室外体育场所。在科创社区配套建设游泳馆、羽毛球馆、健身馆、乒乓球台、健身步道等。鼓励支持高校、中小学等体育场所向公众开发。发展智慧体育，组织开展国际电子竞技比赛，虚拟跑步节等，组织举办科技体育节、国际体育节。

（7）以优化布局建设低碳环保的科学城生态功能。构建“点、线、面”相结合的城市绿化系统，以街心花园、社区花园、绿色建筑为“点”，以川杨河两岸水系、金科路高科路祖冲之路等路网为“线”，以主题公园、未来公园等集中绿化的大型公园为“面”，营造风景宜人、绿色清新的开放空间和生活环境。加大环境保护力度，加快生态园区建设，完善园区危废收集系统，推进危废信息平台建设和危废补贴机制形成，建立生态环境监测系统。

（8）以商圈化、便利化打造并完善科学城商业中心功能。围绕地铁车站广场打造长泰广场、汇智国际广场、传奇广场、天之骄子广场等现代化商业综合体。加强办公楼宇商业配套，配套公共食堂、餐饮店、24 小时便利店。加强重点社区商业配套和酒店配套。打造“商办住”一体的创业商业街。加强保税展示商业、保税采购中心和科技原产地市场的建设。开展科技产品交易会、科技成果交易会、文化创意交易平台等国际化商业交易交流活动。

（9）围绕创新链打造科技金融中心功能。重视中小微企业创新创业全生命周期金融服务配套，建设张江科技金融大厦和科技金融街区。围绕创新链搭建资金链，集聚天使投资、创业投资（VC）、产业投资（PE）、小贷公司、融资担保、科技银行、征信机构、证券公司、科技保险、跨境融资服务机构、融资租赁、商业保理、金融安全保障机构、货币兑换等金融机构。

（10）以扩大开放提升科学城信息网络功能。引进竞争机制，加强新一代基础通信设施建设，公共场所实现 WiFi 全覆盖，整体提升通信基础设施和高品质信息化服务。建立互联网 + 各类行业创新“科创云”平台。全面建设智慧园区、智慧城区、智慧商圈、智慧社区、智慧家庭、智慧楼宇等综合信息服务平台。大力推进互联网+、互联网金融、互联网健康、互联网文化等云服务平台。

2）最重要的配套需求

（1）交通配套，包括轨道交通建设、短驳车、公交配套、道路建设、智慧交通、停车场、园区自行车慢行交通等。

（2）教育配套，包括大学、职业教育和子女入学等。

（3）医疗配套，包括医疗设施建设、社区医疗和家庭医生等。

（4）商业配套，包括城市综合体、社区商业和楼宇商业配套等。

（5）居住配套，包括人才公寓、职工宿舍、限价房等。

（6）文化配套，包括文化场所建设、文化国际活动和社区文化建设等。

（7）生态及其他配套，包括绿化景观、废弃物处理、水污染物和空气污染检测治理等。

（8）体育配套，包括体育场所建设、体育国际比赛和社区体育等。

（9）网络配套，包括 WiFi 全覆盖、基础设施完善和智慧园区建设等。

（10）金融配套，包括科技金融广场和企业全生命周期的金融服务等。

（二）国外科学城典型案例

1. 英国科学城

1）英国科学城战略及行动计划

在 20 世纪 80 年代，英国就开始了科学园区的建设，希望通过联系大学和研究机构实现经济的发展。与法国建设的技术城——科学园区和城市战略的联姻不同，英国的科学园区在规模和目标的设定上都持谨慎态度，形成以知识为基础的城市环境，让科学政策的制定认识到城市创新的潜力，同时城市政策也充分考虑到科学在促进有活力的城市环境和科学空间形成方面的作用。

2）英国科学城战略

2000 年后，欧盟设定了各国的研发投入占 GDP3%的发展目标，英国要实现这一目标，必须加大对科研活动的投资。现有英国东南部伦敦—剑桥—牛津地区已经承载了相当多的研发投入，而国家目标的实现需要在其他区域形成新的研发投资地点，为此，科学城战略应运而生。2004 年，在英国财政大臣戈登 · 布朗（Gordon Brown）向国会提交的预算报告中首先确定将约克、纽卡斯尔和曼彻斯特等三个城市发展成为“科学城”的战略；2005 年该战略又新增了另外三个科学城，即伯明翰、诺丁汉和布里斯托。

3）英国各科学城发展基础及行动计划

（1）英国科学城的发展基础。第一批被指定的三个城市——约克、纽卡斯尔和曼彻斯特都处于接受大量经济援助的英国北部区域。第二批科学城——伯明翰、诺丁汉和布里斯托位于经济上相对较强的区域。伯明翰是英国第二大城市，保持着较强的制造业部门和发展良好的服务业部门。诺丁汉规模较小，拥有多样化的经济。布里斯托同样是小城市，近年来的发展在很大程度上得益于伦敦办公业的外溢。

（2）英国科学城的行动计划。除布里斯托外，每一科学城都根据地方大学和研究机构的优势，明确了优先发展的科学基础，确定了主要发展的科学支撑产业，制订了与商业化、创新、更广泛的教育和公众参与相关的行动计划。每个科学城都明确地立足于大学—产业—政府之间的互动，尝试创造新的“空间”形式——实体的或虚拟的，为不同群体的对话提供平台。

2. 俄罗斯科学城

1）俄罗斯科学城的由来

俄罗斯科学城的历史可以追溯到苏联时期。第二次世界大战刚刚结束，在苏联摩尔达维亚共和国的萨罗沃村组建了专门生产“喀秋莎”喷气式火箭炮炮弹的基地。1946 年，苏联政府做出决定，在这个基地建立苏联科学院 2 号实验室（苏联原子弹研制机构）下属的设计局。从此，苏联的原子弹研发实验工作就在萨罗沃进行，萨罗沃由此成了一座具有神秘色彩的封闭性小镇。此后，苏联在其他一些地方相继划分出一些封闭区域，进行军工和与国防建设密切相关的研究开发，这些封闭区被称为科学城，但是这些科学城是约定俗成的说法，并非由国家出台法律文件正式规定。

2000 年，俄罗斯总统签署命令，奥伯宁斯克市在俄罗斯第一个正式获得科学城地位。其后，杜布纳、普西诺也于 2001 年 12 月和 2005 年 10 月相继获得科学城地位。到目前为止，俄罗斯已经有 14 个城市正式获得了科学城的地位。俄罗斯政府致力于打造一个创新型国家，着力恢复科学城的科学生产体系，并采取了一系列措施强化国家创新体系：2002 年 3 月，俄罗斯出台了由时任总统普京签发的《俄罗斯面向 2010 年及未来的科学技术发展政策基础》，这个文件被学者们称为是俄罗斯创新的宣言，明确指出，要大力发展俄罗斯科学城；2005 年，俄罗斯建立了技术转化型经济特区，2006 年建立了俄罗斯风险公司，2009 年，俄罗斯总统梅德韦杰夫提出必须建立类似美国硅谷的技术园。这一切都与科学城的发展息息相关。

2）科学城的创新基层组织

创新基层组织涉及科研成果从研发到批量生产的过程，在科学城形成了创新链条：孵化企业—技术园—工业生产区。科学城的创新基层组织最大特点是专业化，科学院的很多科研院所和大学的研究机构参与合作。在别特尔果夫参与开发生物技术和信息技术的有圣彼得堡大学下属的技术转化中心，也有普西诺生物化学研究院下属的技术转化中心。随着小型创新企业的发展，在科学城形成了一个基础研究带动研发、研发带动生产的链条，一个科学生产基层组织的网络已经形成，其目的是打造国内外市场可接受的终端产品。

3）俄罗斯科学城教育——知识储备和传播的基地

在科学城建立新的大学和大学分支机构，开设经济管理等相关专业，设立技术转化系和教研室。科学城的大学与其他高等院校不同，而是根据企业需求设置专业培养学生。这样做，一方面促进了大学毕业生就业，另一方面也为小型创新企业解决了人才短缺的问题。由此，科学城的教育与科研、生产之间就形成了一种良性互动关系。教学大纲的制定面向城市的需要，为城市的发展培养人才。与此同时，科学城创建的大学和职业技术学校，还邀请一些研究所的科学家定期或不定期到科学城来授课。

3. 日本筑波科学城

1）筑波科学城再创发展的目标

一是科学技术中枢城市。不断创造具有独创性、尖端性的研究成果，同时灵活运用科学技术和知识的聚集优势，成为繁衍新产业、增进对科学技术的理解和实现产业连接的基地，进而向科学型、国际性的都市发展。

二是更广域范围都市圈内的核心城市。通过不断充实、加强现代化的道路交通体系等基础设施，使得筑波科学城中心城区的城市功能向更高层次迈进。

三是生态、生活、模范城市。实现自然、田园与都市之间的和谐，维护节能环保型的街道环境，创造丰富多彩的文化，加强居民之间的交流，创造可以实现下一代人梦想的理想生活环境。

在这三个层次的功能定位中，科学技术中枢城市是筑波科学城区别于一般城市的特质功能，是衍生其他两类功能的基础。而生态、生活、模范城市的建设目标秉持了筑波科学城的建设初衷，通过吸引人、聚集人，缓解特大城市的运转压力，开创宜居的新都市。

2）筑波科学城再创阶段的初步成效

（1）成为日本的国际学术活动、科研交流的主要据点之一。因为聚集了大批高水平的科研、技术开发机构，筑波科学城每年会产生大量达到国际先进水平的科技成果，成为新知识、新创造、新发明的诞生地。科学城内的教育、研究、开发机构也与日本国内外的研究机构保持着日益密切的交流关系，在筑波科学城内召开的国际会议逐年增多，吸引的长期或短期国外研究人员与日俱增。不仅以“筑波研究支援中心”“装城沙龙”“筑波大学尖端跨学科领域研究中心”等机构为主体，超过 100 家非正式研究交流组织频繁开展研究交流和技术交流活动。

（2）成为日本科学技术振兴的发动机。筑波科学城作为日本技术信息网络的重要节点和对内对外信息交流的窗口，作为新知识、新技术的发源地，在巩固日本的科学技术基础、缩短日本与美欧等国家和地区的技术差距，乃至在某些技术领域的赶超性发展上功不可没，在电子学、生物工程技术、机电一体化、新材料、信息工学、宇宙开发、环境科学、资源能源、地球科学、土木建筑、农业等领域的技术发展中都起了发动机的作用。

（3）成为科技成果反馈社会的典范。在筑波科学城，科学研究、技术创新的成果不是悬挂在象牙塔内的宝物，而是可以通过不同的形式，向社会各界，尤其是向企业展示，给予企业某种灵感与刺激的准公共产品，在不违背知识产品专利保护的法律条件下，筑波科学城每年通过召开国际科技博览会、国有研究机构成果展示会，以及每年 4 月召开的科学技术周等活动，把科技成果反馈给社会，成为日本国内科技成果反馈社会的典范。

（4）自然舒适、和谐现代的城市建设。筑波科学城作为日本少有的纯粹政府规划的产物，在城市道路交通等基础设施建设方面较少受到原有条件的牵绊，同时其四周被田园式的自然风光包围，城市建设又充分保留和利用了自然风光。这使得筑波科学城作为一个小城，给人的总体感觉是悠然舒适、贴近自然。在世界诸多的科技园区中，筑波科学城拥有一种独特的城市魅力。

4. 韩国大德科学城

1）政府主持政策和企业的聚集

韩国政府于 1973 年 12 月，制订了大德科学城总体规划，开始建设基础设施和一些研究与教育设施。1974 年 3 月，韩国着手在忠清南道大德郡建立科技城，以日本著名的筑波科学城为样本。其目的是开发尖端技术，培养高级科技人才，加强研发成果的转化，发展技术密集型和知识密集型产业，跻身发达国家行列。在公共研究机构中，政府资助的研究机构和国家实验室起着非常重要的作用。为了把基础研究和开发与高技术产业发展结合起来，1978 年开始从首尔迁移科研机构。最早迁入的是忠南大学（CNU）的工程学院，以及两个公立研究所和两个私立工业研究所。1987 年韩国高级科学研究所从首尔迁到大德科学城，由此吸引了一大批企业聚集。

2）大学、研究机构和服务平台一体化发展

大德科技城是研究机构和大学的集结地，集科研、生产和科技人才培养于一体，注重发挥科技城的技术辐射功能。科技城有 4 所大学和 49 个科研机构。其中包括三星、乐喜—金星等大企业集团的研究所，形成了官民共同研究开发的局面。至 2000 年，在科学城内就有 2000 名博士从事研究开发和产品商业化，这其中技术商业孵化器和风险资本发挥了很重要的作用。为了加速科技成果转化，还设立了技术创新中心和技术商业孵化器，设有约 70 个研究中心，从事大量的研究与开发活动。风险资本业蓬勃发展，包括 4 个新技术担保公司和 49 个风险投资公司，新技术担保公司是由政府和 100 个企业建立，投资于新技术产业化的中小公司。另外，创业基金由银行提供。

3）建立吸引人才的高地

韩国科学技术研究院是第一个由政府系统地引进海外科技人才的机构，于 20 世纪 70 年代建立，随后各理工科大学和研究生院也掀起了培养和造就优秀科技人才的热潮。同一时期创建的大德研究城，则吸引并容纳了大量科研人员，仅海外归来的博士就有2000多名，被誉为“韩国科学技术的麦加”和“韩国的硅谷”，成为名副其实的科学研究基地。

4）国际研究合作的对外网络联结

一是与外国联合建立研究机构，二是主动在国外设立研究机构，三是吸引外国在韩国建立研究机构。韩国于1992年年初同美国建立了研究共同体，签订了新的科技协定和“保护专利秘密协定”，参与美国的战略防御计划。同年，还建立了“韩美科技财团”，以支持双方的科技合作，并确定了7项共同研究课题。与此同时，在美国投资基础研究和设立分所，购买一些技术密集型的美国中小企业和民间研究所，每年向美国派遣大批留学生，有目的地选送专家和教授到美国学习交流。此外，韩国还积极与西欧国家进行科技合作。韩国政府研究机构和企业纷纷在国外设立研究中心，大学优秀研究中心也在海外设立了科学合作中心。

三、科学城建设的几点启示

（一）以科技为基础的发展与城市多样性的结合

科学城的内涵不再局限于高技术产业的发展和人才培养，而是将以科技为基础的创新活动与城市多个产业部门相联系，形成一个以科技环境为基础、以城市多样性为支撑、适合多样产业和人才发展、有利于创新的有机复合系统。城市的基础设施和服务设施建设必须体现现代化、以人为本等理念，甚至要在信息化、智能化等方面具有适度超前的城市化水平。建设一个开放式的创新系统是大势所趋，而这需要一个多元的、包容文化来支撑。

（二）定位全球，放眼未来

在人才引进方面，加强了海外高层次人才的引进。各科技城主导产业是根据国家战略性新兴产业的发展要求确定的，并没有突出地方优势和自身科技实力在全球技术市场中的定位。在对外宣传方面，进一步加强自身在全球科技创新网络中的地位和作用，并在发展中强化与外部资源和市场的联结，集聚创新资源、拓展服务市场，在空间设施和功能系统的规划中，形成具有对外联系功能的品质场所和服务机构，并通过国际高端研讨会、科技产品国际展销会、国际企业家论坛等交流活动的举办，以及高质量科技城网站与优质化的对外服务，提升科技城的品牌效应和国际声誉，加强人才、资本和技术在科技城与世界其他地区之间的流动。

（三）科学城内部多元主体互动的强化

正式的互动通过行业联盟、研发机构与企业间合作等形式来进行；非正式互动对隐含性经验的传播更为必要，则要通过不同行业间的交流平台和以个体社会关系为依托的各种社交活动来建立。在未来科技城建设中，一方面应提供专业化技术联盟、行业协会、多样化服务平台和中介机构等场所；另一方面，也应致力于增加非正式交流的场所和可能，包括文化艺术中心、咖啡厅、会展中心、影剧院等，并通过地方性文化活动的组织，为多元主体的互动提供可能。此外，线上网络的交流活动也是科学社区参与讨论和合作的平台，可开展线上企业家论坛、新产品展示与投资咨询等活动，进一步增进社区成员间的交流与共享。

（四）由封闭式的布局和管理转变成开放式的合作与发展

我国科学城的发展由于受到行政区划范围的限制，不能和周围地区进行很好的互动。现在，我国经济发展谋求区域合作，将科学城在行政区范围内的发展转变成在区域层面上谋求科学城的发展和城市的发展，会给城市和社会的发展带来无尽的活力。其次，在生产要素的交流和合作上，应转变成灵活得多途径谋求发展，完善跨区域的生产要素流动机制，开发在管理、运营机制方面的学习和交流途径。

第七章

政府在科学中心建设中的角色与作用

著名经济学家约瑟夫·斯蒂格利茨（Joseph Eugene Stiglitz，1943— ）说过：“离开政府的重要作用，几乎找不到一个国家经济增长和科技进步的例证。”

从政府的角度来说，遵循科技创新普遍规律，以改革的精神着力破除制度藩篱，不断优化科技创新治理体系，正确把握政府在科技创新当中的角色定位，是北京建设全国科技创新中心的重要条件之一。

在规范的市场经济条件下，政府与市场的行为空间和活动范围则各自有严格的二元界分，政府不再是无所不包、无所不管的“全能政府”，而是有所为有所不为的有限政府。[①]

英国科技政策白皮书《卓越与机遇：21世纪的科学和创新政策》（*Excellence and Opportunity：a science and innovation policy for the 21st century*）中，强调中央政府要充当有效的投资者、促进者和管理者，在保持国家的科学领先地位、抓住创新机遇方面发挥关键性作用。

第一节　政府支持科技创新中心建设的理论逻辑

一、科技创新中心建设需要政府弥补市场失灵

科技创新中心应在能够形成一批具有国际影响力的科技成果和创意的同时能就地迅速实现产业化。但市场往往存在垄断、成本外部性、信息不对称和公共物品搭便车的现象，使得市场竞争并不能实现资源配置的效益最大化，造成了资源浪费、重复建设等问题。科技创新领域也是如此，科技市场同样存在外部性、公共物品不足和不完全竞争的现象，也同样面临着市场失灵与国家干预的问题。为了能够高效形成一批具有国际影响力的科技成果，政府必须运用有形之手来干预科技发展。

首先，科技创新成果的外部性要求国家干预。市场主体的新科技开发和运用将会给自己带来很大的比较收益，获得由技术所带来的超额利润。但是，由于科

① 陈赟. 2006. 政府促进科技发展——世界视角的科技政策，26（4）：40-43.

学技术成果是一种公共产品而不是私人产品，它具有非竞争性消费而不会造成本身价值的减损，而且技术的运用具有可重复性和更新性，技术的发明人会面临技术被他人非法使用和被他人改进的可能性。从经济学理论上说只有新技术运用后的正外部性合理内部化，企业和个人才会有足够的动力去进行新技术的研究和开发，而内部化的成本很高，单靠权利人个体很难办到，所以必须有政府政策的支持以减少权利人的损失。

同时，科技创新市场的不完全竞争性也需要政府政策对科技创新的支持。不完全竞争市场是指，垄断因素的存在导致的某些企业具有影响该行业产品价格的能力的市场状态。在市场上占有主要地位的企业有可能通过垄断或联合性行为，阻碍技术进步，压制市场创新活力，从而导致市场效率低下和坑害消费者。在不完全竞争市场状态下，政府必须以政策手段来打破技术壁垒，鼓励各类企业技术创新。

对于同类产品研发企业之间通过协议、合并而进行的妨碍科技创新的行为，政府要以反垄断法来坚决抵制，以维护科技创新市场的竞争活力。在公共物品的理论视野中，常常把自主创新视为准公共物品。这是由于自主创新具有明显溢出效应。人们通常将这种溢出效应归结为正外部性，即外部经济性。这种溢出效应表现在从事创新活动的私人部门收益小于社会的总收益。换言之，创新活动不仅会给从事科学技术活动的个人或部门带来收益，而且会给社会的其他人或其他部门带来收益。但是，如同任何一种具有溢出效应的准公共物品的提供一样，如果从事科技活动的私人部门收益远远小于社会收益，即大量因科技活动而产生的经济剩余不能被创新主体占有，也可能抑制其自主创新的积极性，使科技活动的投资不能满足社会需要。公共物品理论认为，如果总的社会收益远远大于私人收益，这种产品就会出现供给不足的情况，这往往需要政府的参与。在建设全国科技创新中心的进程中，大量的自主创新，尤其是基础科研项目，其社会效益大大高于私人收益，具有明显的公共物品性质。在这种情况下，政府有必要承担制度供给和政策调控的责任。

二、良好的制度体系是科技创新中心建设的保证

近年来，我国科技领域着力全面深化创新改革，从试点探索到谋篇布局，再到纵深推进，取得了一系列丰硕成果。然而，一些长期形成的管理体制机制仍然直接制约和困扰着我国科技创新活动。影响科技创新活动的制度因素包括宏观管理体制及微观运行机制两个层面。宏观管理体制其核心是科学技术与社会权利系统的相互定位问题，特别是社会政治主体对科技活动干涉作用的定位、科技资源配置基本体制的定位、科技成果产权制度的定位等问题。微观运行机制涉及众多方面，突出表现在科技活动评价体系、科技活动中求实与效益的实现、科技激励机制等方面。这不仅直接影响科技创新中心建设的质量与效益，也关涉科技创新活动能否可持续发展。①

建设全国科技创新中心需要有“敢为天下先”的领先战略，不仅需要在技术创新方面集中发力，也需要在制度创新方面统筹谋划。习近平总书记也提出“科技创新、制度创新要协同发挥作用，两个轮子一起转”。从工业革命以来的世界历史来看，一个国家或地区科技创新能力的提升，离不开运行良好的科技创新的制度体系。良好的制度创新体系能够提高创新效率，降低创新成本，提升创新资源的配置效率及科技创新与社会、经济等方面的发展协同。同时能够推动政府、大学、研究机构、企业、中介结构等结合为一个有机整体，使创新成为在分工基础上的彼此合作、相互协调的行为，这恰恰是建设全国科技创新中心所需要的。

三、激烈的国际竞争需要政府参与科技创新中心建设

从政治学来看，科技创新的政府政策干预是当前激烈国际竞争的需要。当今世界，国际竞争非常激烈，知识经济的时代使这种竞争带有难以超越性。传统的经济学认为，落后国家在经济发展上利用丰富的资源、先进科技和低价的人力资

---

① 徐治立. 2007. 制约科技创新的制度困境：科技管理研究，(8)：35-37.

本，可以通过大规模投资实现经济的后发优势。但是，现代经济中科技含量越来越高。由于科技的进步和普通产品的产能过剩，单位产品的资源消耗越来越低，并且，科技产品和资源类产品形成了很大的剪刀差。2008 年全球金融危机爆发后，大宗资源类产品（如煤炭、石油、钢铁和粮食）价格大幅降低，资源依赖型和劳动密集型产业为主的国家一直经济低迷。反观科技发达国家，受到经济危机的冲击最小。第二次世界大战以前的国际竞争属于自然资源竞争，战后属于科技竞争。由于科技进步需要不断积累，加之国际知识产权保护措施的加强，整个世界经济正日益变成科技发达国家的舞台。

发达国家都非常重视科技创新的发展，并以政府的力量来加以推动，如美国 1950 年通过了保证政府科技资金投入的《国家科学基金会法》（*National Science Foundation Act of 1950*），1976 年通过了政府促进科技发展的基本法《科学技术政策、组织和重点法》（*The National Science and Technology Policy Organization, and Priorties Act of 1976*），1986 年通过了促进科技创新的《美国联邦技术转移法》（*Federal Technology Transfer Act of 1986*），2000 年出台了《技术转让商品化法》（*Technology Transfer Commericalization Act of 2000*）。“冷战”结束前，美国政府拨款占到全国科研投资中的 50%，此后，科研资金支持力度有所下降，但也达到科研投资总额的 30%。2013 年政府科技研发财政拨款为 1400 亿美元，高居世界第一位。2014 年该项拨款为 1428 亿美元，其中，基础和应用型研究预算拨款为 681 亿美元。奥巴马政府将科技创新作为美国保持世界领导地位的重要支柱，在全球经济危机的背景下，还在不断加大对美国国家科学基金会、国家标准技术研究院和能源部科技局“三大科研机构”的资金预算支持。美国超级大国地位是以经济实力为基础的，其背后是其强大的科技创新实力。日本作为资源缺乏的发达国家，长期以来以科技为立国之本，出台了一系列鼓励科技创新和转化的政策和法律，如国家研究开发大纲、产业技术能力强化法、经济结构调整与创造行动计划等 200 多部科技促进法律。1990 年，日本国会颁布了《科技基本法》，此后政府制订了三个科技发展五年规划。2013 年，日本为提振经济，加快创新步伐，出台了《日本复兴战略》。在科技创新方面明确提出，要在 2015～2020 年的五年内使日本的创新能力在世界排名中跃至第一，要举全国之力将日本变成“以技术持续取胜”的国家。

北京全国科技创新中心作为我国科技创新中心的排头兵，不仅代表我国的区域科技创新水平，而且要代表我国在国际舞台上抢滩登陆，为此，在北京全国科技创新中心建设过程中，必须要充分重视并发挥好政府的主导作用。

第二节　国外政府推动科技创新的主要模式

通过对当前国际上公认的如美国纽约、硅谷、波士顿，印度班加罗尔，韩国大德，日本东京、筑波等科技创新中心进行梳理分析发现。政府推动科技创新的方式可分为以下四类（图 7-1）。

（1）政府强力主导型。该类型主要特点是政府直接投资、规划协调配置各类创新资源等，具有强烈的中央集权主导色彩。代表性的科技创新中心有日本筑波等。从实施效果来看，取得的科技创新效果相对较为不理想。

（2）市场主导政府拉动型。该类型主要依靠市场的“无形之手”主导形成，同时政府主要通过需求侧政策予以拉动，也会有一些供给政策支持。其典型代表为美国硅谷。

（3）市场主导政府服务型。该类型主要依靠市场的“无形之手”主导形成，同时政府主要通过供给政策予以拉动，如间接投资、土地等供给类政策。其典型代表为英国牛津郡。

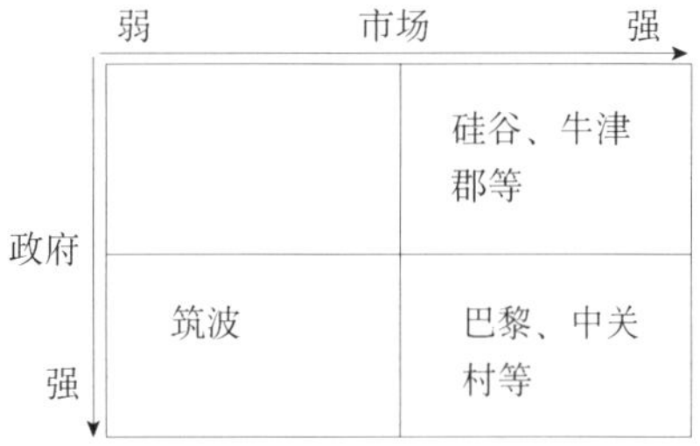

图 7-1　科学中心建设模式图

一、政府强力主导型——日本筑波

为振兴科学技术，充实高等教育，实现“技术立国”战略，缓解东京都市圈生态和社会发展压力，日本政府于1963年做出了在距离东京市中心约60公里处的筑波建设一个国家级科学城的决议。历经40余年发展，筑波科学城成为聚集40多个国家级教育和研究机构、使用40%以上的政府财政预算研究经费的科学研究和技术创新的“高地”。筑波科学城的建设安排受日本政府的直接领导，建成后的科研机构也是在政府的指导下进行研究。日本政府强大的财政支持是科学城建设的保障，在科学城建设的前期阶段，私人投资者不被允许也没有财力进行科学城建设的投资。1963～1993年，政府共拨款18 713亿日元，为世界上建设费用最高的科学园区。

政府主要通过以下举措对日本筑波科技城建设进行主导。

1. 设置高规格的规划管理体制

1963年，日本内阁会议决定在筑波建立日本第一座科学城。1963～1969年共制订了5次总体规划。1965年，在首相办公室下面设立“科学城推进本部”，由国土厅长官担任主席，成员包括科技厅、环境厅、厚生省、文部省、农林渔业部，以及邮电、劳工、通产、建设等有关中央政府各部门的副部长，这是世界上层次最高的新技术园区管理机构。设置“筑波研究机构联络协议会”协调各方工作，下设5个专业委员会负责管理研究业务，而土地开发和公用设施建设项目由住宅和城市开发集团负责，科研和教育机构建设由建设部负责。

2. 健全法律法规体系

日本为建设筑波科学城专门制定了大量法律法规。1970年5月公布《筑波研究学园都市建设法》，自发布之日起，共经六次修订至今仍然生效，8月发布《筑波研究学园都市建设法施行令》；1971年制定《筑波研究学园都市建设计划大纲》；1983年颁布《高级技术工业集约地区开发促进法》；1985年颁布《技术城促进税制》。同时，还有一些相关法律，如私人部门资源利用法、科学技术厅设置法、外资法和小企业新技术振兴法等。这是世界上最完善的高新技术园区法律体系。这些法律将筑波科学城规划、建设和管理等方面的内容以法条的形式固定下来，还规定了中央政府、地方政府及社会团体在高新技术技术研发和产业化过程中的权利、义务。

3. 政府直接建立运营机制和组织结构

筑波科学城从规划到建设再到后期的运作，完全是由政府来完成的。政府在这个过程中制订详细计划，负责对筑波科学城进行建设及建成之后的管理，私人研究机构和企业也在政府的规划范围内，按照政府的规划从事科学城的建设及科研的运作。

然而，政府主导筑波科学城发展的弊端不久就不断显现。日本筑波城的高新技术企业之间，企业与客户、供应商之间大学和科研机构之间，并没有形成一种柔性的网络体系，从而影响了整个行业的创新绩效。政府部门实行的高度集权的计划指导模式，直接管理为主，忽视了私人和市场的力量和作用。政府一直倡导以基础研究为主，不注重高科技的开发和应用，产学研缺乏联系。研究机构和教育机构，都有各自的行政主管部门，在东京的有关机构与其在筑波的下属单位都是垂直领导和垂直指挥，并没有形成良好的创新生态。

二、市场主导政府拉动型——美国硅谷

从 20 世纪 70 年代开始，硅谷从一个以盛产水果为主的农业区一跃成为世界高新技术的创新源地和最具经济活力的地区。从这里走出过 40 多位诺贝尔奖得主，硅谷在最兴旺时期的记录是每周有 11 家新公司诞生，每 5 天有一家公司上市，每天新增 62 个百万富翁，聚集了来自世界各地的精英团队。它似乎每天都能创造出奇迹，在经济领域、科技领域、IT 领域，它的举手投足都能影响世界信息科技的进程。可以说，硅谷是创意、创业、创新之都。

虽然市场是硅谷的真正孕育者，但是硅谷的成功也离不开政府的作用。政府的作用主要是间接的，而不是直接的。不仅如此，政府通过减免税收、政府集体订购、国防产业开发，来不断促进美国的工业科技创新。在硅谷成长和管理上，政府常常用经济手段对硅谷的发展进行拉动。

1. 运用政府采购手段、直接对大学进行投资和实行税收政策等对硅谷的创新进行支持，是硅谷成功的一大主要原因

在政府采购方面，政府主要是通过订单方式，向硅谷的公司进行政府采购。据统计，1955～1963 年，硅谷半导体产业 35%～40%的营业额来自于政府采购。政府采购（国防部的订单）直接影响硅谷新技术的扩散。在对大学投资方面，政府直接对目标大学的研发进行资助。据统计，2000 年，斯坦福大学 16 亿美元的年收入中有 40%来源于受政府委托的研究项目。在税收支持方面，如对风险投资实行税收优惠。1978 通过的税收法案使资本利得税率从 49.5%降至 28%。1981 年美国国会将该税率继续降低至 20%；允许养老基金管理者进行风险投资，保证风险投资有足够的资金；改革风险投资公司组织形式；推行小企业投资发展计划，向风险投资者和风险企业提供无偿资助。

2. 很好地充当社会管理者的角色

这主要是指政府直接抓硅谷的基础建设。一是对硅谷用地进行扩展规划，政府在协调各方利益的过程中发挥了重要的作用。二是对硅谷交通状况进行改善，投资交通等基础设施建设、减少交通阻塞和交往隔阂是政府机构的重要职能。三是帮助解决或缓解硅谷住房紧张局面，直接介入到住房建设中来。同时，政府在环境保护、能源提供等方面发挥着积极的作用。

3. 发挥好“守夜人”的功能和作用

政府通过制定创新政策，为硅谷的成长营造有利于创新创业的环境，在硅谷发展早期主要以投资者兼消费者身份出现的基础上，开始更多地发挥组织者的功能和作用。政府通过制定各类规则，为硅谷的创新人才提供了自由广阔的创新舞台。对硅谷成长影响较大的规则有创业、税收、移民、金融、反垄断等方面的法律和政策措施，以及各类支持技术创新的计划和法案。政府还通过放宽创业政策、明确产权、允许技术入股，为企业上市创造条件，营造了一个开放的、公平竞争的市场环境和完善的公共服务系统，为创新企业的创立和成长提供适宜的产业发展环境。

三、市场主导政府服务型——英国牛津郡

在牛津郡成为科技创新中心之前，英国在20世纪50～70年代基本是按照市场与政府并驾齐驱的传统创新机制来推动科技创新的。[①]由于这一期间工党重视政府干预的执政理念对英国影响很大，即使是保守党执政，政府也依然试图在科技创新中发挥领导作用。同当时的美国政府一样，英国政府将大量资金投入到军事科技开发领域，但由于政府太过于强调对军事技术的投入，忽视军事技术转向民用，导致科技开发的道路越走越窄。英国政府在推动科技创新过程中比美国更加强势，不肯放手让企业与科学研究机构自由选择科研项目，特别强调政府宏观计划的调控和指导。同时，与美国相比，英国的中央政府集权化倾向明显，地方政府则难以获得资源，这使得政府政策在地方层面执行时缺乏灵活性与变通性，而政府内部的官僚化也阻碍了科技创新的发展。另外，尽管政府在经济领域中施加了诸多干预，但对教育体系方面的构建与完善却大大缺失。牛津、剑桥、杜伦等老牌名校注重传统的精英化、绅士化教育，对科技创新重视不够；而其他高校在资源占有方面又远远不如老牌名校，难以在高投入、高风险的科技研发上有所作为。这与美国硅谷健全的教育体系形成了鲜明对比。[②]

撒切尔政府推动了私有化进程，大规模削弱政府对市场的干预作用，这虽然是英国政界面对20世纪70年代经济滑坡、政治动荡的被动反应，却恰恰为市场机制的发育和像牛津郡这样的科技创新中心的崛起提供了有利条件。中央政府在经济领域的撤出，地方议会对科技创新的忽视，都使牛津郡依靠市场经济制度与自身比较优势发展成为著名的科技创新地区。

在牛津郡的崛起过程中，英国中央政府与地方政府纷纷意识到了通过科技创新推动经济建设的重要意义。同时也看到了在整个20世纪80年代及90年代前半段，在几乎没有政府任何作为的情况下，牛津郡这样的科技创新中心的发展势头良好。根据OECD的报告，80年代牛津郡科技创新的集聚过程中，没有政府（government），只有治理（governance）。牛津信托与牛津大学、牛津布鲁克斯

---

① 叶林，赵旭铎. 2013. 科技创新中的政府与市场：来自英国牛津郡的经验. 公共行政评论，6（5）：36-59.

② Nelson R. 1993. National Innovation Systems. Oxford：Oxford University Press.

大学等高等院校合作与协调机制的建立，成为牛津郡科技发展的关键。同时，新成立的高科技公司与迁入牛津郡的其他企业一起，形成了牛津郡的技术创新核心。[①]中央政府与地方政府后期也采取各种手段为创新主体提供服务。

1. 加强对科技创新的资金资助

就牛津郡而言，尽管市场发育较为完善，但科技研发这一领域由于其高风险性和资金筹措的交易费用较高，即使是风险投资公司也很难满足科研的资金需求，所以需要政府对这一领域进行资金支持。针对资金不足的问题，1997 年布莱尔领导的新工党上台之后，改变了之前保守党在地方科技政策方面无所作为的执政理念。1999 年，工党政府在全国设立了 9 个地方发展局，每年预算拨款 20 亿英镑左右，其中很大一部分用于资助地方的科学研究与应用。牛津郡归英格兰东南发展局负责，而东南发展局的最主要职能就是为当地科技创新活动提供资金帮助。

根据 OECD 的调查，英格兰东南发展局在牛津郡的科技发展中发挥了较大作用，特别是在资助高校科研方面。截至 2003 年，东南发展局划拨了 120 万英镑资助牛津郡及附近地区的研发。2009 年，东南发展局在牛津郡建立起了“创新与增长小组”（Innovation and Growth Team），邀请牛津大学等高校的科研工作者、商学院教授作为小组顾问，为郡内的创新企业提供科技指导和创业建议；同时拨款 2000 万英镑作为小组运作资金，并努力吸引私人投资加入，以期在资金上给予科技创新企业以支持。但仍然有媒体与学者指出，东南发展局提供的资金不足以满足科研需求。[②]

2012 年，保守党领衔的卡梅伦联合政府关闭了地方发展局，代之以 39 个“地方企业伙伴关系”（Local Enterprise Partnership，LEP）的地方发展平台，意图将地方议会、企业等联合起来建立一种制度性的对话合作机制。由于数量较多，每个 LEP 所关注的地区比地方发展局更小，更具有针对性。同时，LEP 比地方发展局的去行政化趋势更加明显，企业与市场可望在其中发挥更为重要的作用，在政

①② Lawton-Smith H. 2009. The High-tech cluster of Oxfordshire，United Kingdom，In Potter，J. Miranda，G：Eds. Cluster. Innovation and Entrepren eurship，73-102. OECD.

府拨款的使用上也会更有针对性，效率更高。按照联合政府的计划，地方议会在制定科技政策时必须要通过 LEP 的对话平台与企业经理人及高校负责人进行充分沟通，此举有望提高政府资金支持的有效性与针对性。

2. 重视城市建设和规划

除了在资金上提供有限的支持，政府对科技创新的作用主要还表现在其对城市建设和规划的功能上。由于大批企业建立与涌入，牛津郡地价上涨较快，交通拥堵的现象日趋严重，这些情况大大增加了企业运行成本，不利于科技创新企业的集聚。[①]虽然解决科技活动集聚带来的城市病问题并不是地方发展局的主要职能，但是在 LEP 建立之后，由于政府同企业沟通更加通畅，地价上涨、交通拥堵等问题已经成为 LEP 试图解决的重要议题。2013 年，LEP 开始讨论在牛津周围修建新的科技园区与高速公路，以缓解集聚效应给城市带来的不良影响，从而美化创新环境，使更多科技创新企业落户牛津郡。

3. 弱化政府职能，推动非政府部门促进创新

值得注意的是，自 20 世纪 80 年代英国新公共管理运动兴起以来，英国政府为了提高政府行政效率，逐渐削减传统的政府部门，代之以更加自由灵活、更加扁平化的“非政府部门公共机构”（Non-departmental public body），而地方发展局便属于这类机构。非政府部门公共机构不包含在政府部门之中，而是拥有独立的预算与内部管理机制，负责提供某一方面的公共服务。这一性质的机构在行政效率与组织结构方面都与传统的官僚机构有所差异，更加适合同市场机制主导的科技产业沟通。2012 年以来，LEP 的设立更是将区域创新系统中的非政府公共机构彻底转变为灵活的对话平台，相较于地方发展局，其去行政化趋势更加明显，对市场变化适应性更强，也进一步促进了同企业与科研机构的沟通与协调。

4. 加强中央政府与地方政府的联系

2007 年，英国政府设立科技战略委员会（Technology Strategy Board），专注

① Lawton-Smith H 2004. The Biotechnology Industry in Oxfordshire: Enterprise and Innovation. European Planning Studies，12（7）. 985-1001.

于促进整个英国的科学技术创新。但在地方发展局大行其道的时代，科技战略委员会并未发挥重要作用，中央与地方在科技政策方面的联系也比较薄弱。只是当2012年LEP设立之后，科技战略委员会作为中央科技部门才同地方政府及企业建立了制度化的纵向联系。LEP建立伊始，科技战略委员会立即联系各地区的LEP，督促各LEP提交当地科技发展的研究报告，对地方的科技创新情况进行详细了解与考察，以更有针对性地支持当地的科技产业。同时，LEP也可以同地方高科技企业合作，竞标委员会设立的科技创新项目，以获得财政资助。

另外，科技战略委员会与LEP一道，为各地方科技公司间的交流及公司与科研机构间的合作创造条件。自从2007年起，科技战略委员会就接手了前面提到的牛津“风险盛会”年会。借助政府的公信力，牛津郡的“风险盛会”年会吸引了更大规模的企业团体、风险投资机构参加，促进了英国同一行业的科技企业之间的对话，也为高校、创业者与投资者搭建了平台。实际上，英国政府已经将这一年会打造成品牌，并推广到英格兰东南部的其他郡。这一模式对科技创新动力机制中合作关系的推动是不言而喻的。

牛津郡的崛起印证了市场机制在科技创新发展中的基础性地位。同时，由于科技创新的高风险性及创新活动集聚所带来的负面效应，政府也有必要在其中发挥必要的作用，以更好地促进四种动力机制的形成。从布莱尔的新工党上台，到卡梅伦的联合政府掌权，英国中央政府与地方政府不断探索自身应处的位置。尽管这种探索依然没有结束，但我们已经可以看到，政府的角色并非是规划与预测科技创新的途径与方向，而是降低市场的交易费用和解决科技创新活动产生的负外部性，通过促进创新动力机制的运行，最终完善区域创新系统。同时，从传统的官僚机构，到地方发展局所代表的非政府部门公共机构，再到“地方企业伙伴关系”所定义的地方合作平台，这表明了重要的公共服务应该由更加灵活高效、更加具有市场适应性的机构来提供，这样才能为科技创新提供良好的环境。这种政府与市场相互“嵌入”进行功能协调的区域创新体系正逐渐成为世界各国科技创新的有效模式。在这种体系中，由于国家和地区的历史、政治和经济环境的不同，对政府与市场的角色和作用的协调程度也可能会有不同。

第三节 政府在科技创新中心建设中的定位

一、创新战略引导者

科技创新中心的发展取决于市场的决定性作用，但离不开政府对其发展的引导带动作用，尤其是在战略顶层设计和规划等方面应积极发挥更大的作用。经过对筑波科学城发展模式的反思，日本政府在20世纪90年代重新对筑波科学城的功能定位、创新内容等进行修订，提出了“新筑波计划”。一是对筑波科学城发展目标进行修订，进一步明确其科学技术中枢城市，更广域范围都市圈内的核心城市，生态、生活、模范城市的功能定位。二是通过制定“科学技术基本法”和“科学技术基本规划”将筑波科学城的功能定位予以确定。三是进行制度改革，不仅对科学研究、教育机构等实行独立行政法人化改革，而且对科学城的参与主体、运行机制等进行了调整，从最初仅作为基础研究基地的机制设计向实现基础研究、应用性开发乃至企业化生产的机制转变。

政府引导和推动主要体现在三个方面。第一，产业发展的战略规划。根据区域科技创新发展对政府的“前瞻性”提出的要求，在政府的施政报告中，对产业发展的前沿阵地进行分析和预测，使企业对科技创新的发展趋势有一个明确的方向感，制订适合本国国情的区域科技创新发展战略规划。第二，产业政策的引导推动。政府的扶持培育政策，是指对未来国民经济发展中居战略地位、具有带头作用且目前幼小的主导产业加以扶植培育，促进其成长的政策。第三，创新精神的倡导弘扬。

二、创新活动服务者

科技创新中心建设需要一个良好的服务型政府。政府针对科技创新中心建设主要提供以下几种服务。

1. 基础设施建设

基础建设在这里主要包括“硬环境”的建设，包括交通、通信、供电、供水、供热、供气、排水、排污等基础设施、资源保障、地理位置等。政府致力于有利于科技创新中心建设的基础设施建设及基础研究，实质上是做了应该由政府，也必须由政府做的事情。

2. 优化创新资源品质

科技创新中心建设需要大量科技创新资源，尤其是高质量的创新资源，包括人才、资本、研发与服务机构、企业等。政府应不断推动科教资源发展，吸引全球高端的人才资源，丰富科技条件资源，加快便捷高效的科技服务资源和富有创新精神的科技企业资源聚集，才可能成为科技创新引领者与创新创业的首选地。

3. 降低创新成本，优化创新创业环境

政府应当积极协调各类创新资源，使其达到最优配置，从而降低创新成本。大量的资金投入是启动科技创新、发展战略新兴产业的重要手段。政府要积极推动和引导风险资本进入高新技术产业化的投资领域。通过政府对科技型中小企业提供无偿资助，建立风险基金对创新型企业提供支撑，减少企业创新融资成本，是当前世界各国政府普遍的做法之一，也是政府推进科技创新中心建设的重要举措。同时，政府应加速科技资源聚集共享，开放科学研究仪器、平台等条件资源，推动高校科技成果向企业扩散转化等，减少产学研协同成本，推动中介、联盟、协会等非政府公共服务机构的发展，切实推动科技创新活动有效开展。

三、创新成果消费者

通过政府采购新产品策略，让政府率先成为创新成果的消费者，是当前政府推动科技创新的通行做法。通过政府采购，可以带动企业创新产品需求，降低创新的风险；同时也可以引导创新方向，降低企业决策风险。尽管政府采购可以在很大程度上推动企业的自主创新，但需要注意的是政府采购本身毕竟是一种政府行为，如果过度使用这一政策就有可能使得企业产生依赖感从而慢慢削弱其创新的动力，不但起不到推动技术创新的作用，反而会阻碍企业的技术创新。因此，政府的干预应该是适度的，不能过多干扰市场机制，更不能代替市场机制，政府采购对企业自主创新的扶持必须坚持公平的原则，不可以影响到正常的市场竞争。

第四节　政府支持科技创新中心建设的主要路径

一、公共管理方面

（一）优化法律环境

作为社会的公共管理者，政府必须以创新体系组织者的角色，根据本国政治、经济、科技和文化条件，制定适合本国的法律、法规来规范和保护科技创新活动。美国在科学技术方面没有专门的科技法，其关于科学技术的法律、政策体现在有关的法律、法规和政策性文件中。其中总统签署的法律编入《美国法典》；各联邦机构的法规和总统令则编入《联邦法规全编》；还有一系列涉及科技内容的具体部门法，如通信法、航空法、海洋法、媒体法、专利法、商标法、版权法、就业法、贸易法、卫生法、合资企业法等。因而形成一套庞大且操作性很强的法律体系。日本已经形成以科学技术基本法（1995）为核心，以宪法、预算法、科技专门法及其他专门法等为支撑的完整科技法律体系，主要包括行政组织法、“法人”的规定、“科学技术振兴法”、“学术法”、“产学官协作法”、与科技创新有关的法令（各个专业科研的相关法律除外）等。

我国也越来越重视法律法规在科学技术研发和应用中的重要作用，制定了科学技术进步法、促进科技成果转化法、科学技术普及法、商标法、著作权法、专利法等相关法律，出台了《国家科学技术奖励条例》《关于实施科技规划纲要增强自主创新能力的决定》《关于加强技术创新，发展高科技，实现产业化的决定》《关于科学技术体制改革的决定》《科技开发用品免征进口税收暂行规定》《国家重点实验室评估规则》《包装行业高新技术研发资金管理办法》《企业科学技术协会组织通则》《国家自然科学基金条例》等一系列法规文件。下一步，我国将通过完善支持科技创新的法律法规，增进现有法律、法规之间的和谐统一，形成以宪法为根本、科技法律为核心、科技法规规章及其他法律为支撑的科技法律体系，保障科技创新活动积极有序地进行。

（二）制订战略规划

科技创新体系建设需要明确的发展战略以保障科技创新目标的实现，切实可行的科技创新战略规划有利于提高科技创新体系的运行效率。政府必须结合本国的科技法律法规和国际科技创新发展新形势，制订适合本国的科技创新战略规划。美国于 1994 年和 1996 年先后发布“科学与国家利益”和“技术与国家利益”两份报告，分别提出美国科学和技术发展目标。此外，美国还提出了多项具体的科技计划，如人类基因组计划（1990 年）、信息高速公路计划（1993 年）、国家纳米计划（2000 年）、先进能源计划（2006 年）、国家创新计划（2011 年）等。日本政府根据“科学技术基本法”和不同阶段科技发展目标，先后制订了三期科学技术基本计划。此外，还制订了一些专项科技发展计划，如原子能研究、开发及利用长期计划，日本生物科技战略大纲，电子日本计划，宇宙开发基本计划，材料纳米技术计划等。德国政府提出了“2010 年议程”一揽子方案（2003 年 3 月 14 日），主要涉及科技体制改革、科研经费分配、互补性研究所合并等。2004 年 1 月，德国政府启动“主动创新”战略，核心内容是促进经济界和科学界在研发领域结成创新伙伴,研发出更多的高新技术产品。2010 年德国政府推出《高技术战略 2020》，提出未来十大项目，其中包括著名的“工业 4.0”。

我国从 1986 年开始，先后组织实施了“863”计划、“国家火炬”计划、“973”计划等中长期计划。2005 年 12 月 31 日国务院发布新时期指导我国科学和技术发展的纲领性文件——《国家中长期科学和技术发展规划纲要（2006—2020 年）》，该纲要立足国情、面向世界，以增强自主创新为主线，以创新型国家建设为总体目标，对未来 15 年我国科学技术发展做出全面规划和总体部署，力争到 2020 年进入创新型国家行列。在此基础上，编制了《国家“十一五”科学和技术发展规划》《国家“十二五”科学和技术发展规划》《国家中长期科技人才发展规划（2010—2020 年）》《科技创新知识产权工作“十二五”专项规划》《服务机器人科技发展“十二五”专项规划》等系列规划。各类规划（计划）的编制与实施，使我国科学技术活动有条不紊地进行，为经济社会发展提供了坚实的基础和强大的动力。

（三）搭建公共平台

科技创新涉及政府、企业、科研院所、中介服务机构、社会公众等多个主体，包括人才、资金、知识产权、制度等多个要素，是各个创新主体、创新要素交互作用下的一种复杂系统。政府的公共管理职能之一是创建科技创新公共平台，促进科技资源在全社会范围内的高效配置和共享使用，提升企业自主创新能力，降低创新成本，加强产学研合作，系统优化科技创新及其产业化环境。美国利用自身地位和全球的资源优势，设立完备的国内或跨国创新平台，在创新平台产业链上下游的研究中细化研究方向，分工合作，抓住核心和关键技术；创新平台采用项目基金为依托的工作模式，政府智囊团负责项目的可行性分析；企业等主体根据自身优势，利用创新平台的优势，系统化整合科技资源，提高科技创新能力。德国主要针对不同的研究设立专门的创新平台，譬如设立重大创新专项创新平台，整合公共研究和企业资源，形成战略联盟，以企业会员制模式，发展各类高新技术，包括能源、交通、航空、造船、信息技术、多媒体技术等；设立中小企业创新技术平台，推动高科技产业的发展，以及产业链的扩大、整合等。日本采取企业会员制的创新发展模式，设立专门的整合性的创新平台，多学科交叉，同时细分出多个项目组，国家给予支持，企业等主体参与其中，共享研究成果。

我国科技创新平台建设蓬勃发展，1999 年 6 月，科技部创建国家级科技成果创新服务平台，旨在促进科研单位、科研人员、技术需求方的交流、沟通，加快全国科技成果市场化步伐，促进科技成果应用与转化，避免低水平的重复研究，提高科学研究的起点和技术创新能力。2004 年 7 月，国家科技基础条件平台正式实施，该平台是一个在信息、网络等技术支撑下，由研究试验基地、大型科技设施和仪器装备、自然科技资源、科学数据与信息、科技文献、成果转化公共服务等组成，通过有效配置和共享，服务于全社会科技创新的支撑体系。各类区域性科技创新平台建设不断推进，如上海研发公共服务平台，有效整合集成上海及长三角地区的研发资源，形成科学数据共享、科技文献服务、仪器设施共用、资源条件保障、试验基地协作、专业技术服务、行业检测服务、技术转移服务、创业孵化服务和管理决策支持等十大系统，成为国家科技基础条件平台的重要组成部分，有力地促进了科技研发、成果推广及产业化，形成多方共赢的良好局面。

二、公共投资方面

（一）科技经费投入

政府科技投入是促进科技创新的重要手段。创新型国家的一个基本特征就是有较高的创新性投入，即国家的研发投入支出占 GDP 的比重一般在 2%以上。美国是世界上最大的科技研发活动执行国，研发是美国极其重要的投入领域，其研发投入总量基本保持稳定增长态势，从 2000 年的 2712 亿美元增长到 2011 年的 4181 亿美元，研发投入占 GDP 的比重均在 2.5%以上。日本的研发投入在主要发达国家中也是很高的，1998 年以来，科技研发投入一直占 GDP 的 3%以上。韩国、芬兰、德国、法国、丹麦等国的研发投入占 GDP 的比重也均在 2%以上。

进入 21 世纪以来，中国科技研发投入明显增加，从 2000 年的 108 亿美元，逐步增加至 2011 年的 1347 亿美元，年均增长 25.8%，研发投入占 GDP 的比重也从 0.95%增长到 1.84%。但是，与发达国家相比，我国科技研发投入方面还存在一定的问题：一是科技研发投入总量相对不足，人均科技研发投入量明显偏低；二是科技研发投入主体结构不合理，发达国家科技研发投入主体一般是企业，占 70%左右，而我国企业尚未成为主要科技研发投入主体；三是政府基础研究投入比例偏低，这与世界范围内政府基础研究占比逐年上升、研发研究占比逐年下降的趋势不相符。

（二）税收优惠与风险投资

税收优惠和风险投资主要适用于科技创新链条的成果应用与生产制造环节。税收优惠能够降低企业创新成本，增加收益。税收优惠政策包括两个方面：一是研发投入税前抵扣政策，这是大多数国家普遍采取的政策，如澳大利亚在企业研发投入的 125%税前抵扣的基础上，新增部分给予 175%的税前抵扣；二是研发费用向后转结或追溯抵扣，主要是研发费用抵扣应纳所得税，如在美国，企业当年发生亏损或没有上缴所得税，计算确定减免税额和研发费用抵扣额，可往前追溯 3 年，往后顺延转结 7 年，最长顺延 15 年。我国自 20 世纪 80 年代以来，逐步建立起一个税种分布较为合理、政策惠及范围较广的科技创新税收优惠政策体系，主要涉及企业研发投入、先进技术推广与应用、高新技术产业发展及科普事业发展等环节，对推动科技创新起到了积极作用。

风险投资中政府的作用体现在营造良好的风险投资环境与建立风险投资基金上。从营造市场环境来看，1971 年美国纳斯达克市场（NASDAQ）成立，逐步发展成为全球公认最成熟、最发达的风险资本市场。此后，韩国（KOSDAQ 市场）、日本（JASDAQ 市场）、新加坡（SESDAQ 市场）等国也建立起支撑科技创新的风险投融资平台。此外，政府专门设立各类风险投资基金，与投资者共同承担损失，并建立完善的风险投资退出制度。

我国与风险投资相关的财政支出模式经历了独资经营、合资合作、政策担保及引导基金等多种模式的演变过程，政府支持从最初的大包大揽转变到现在的“支持而不控股，引导而不干涉”。2000 年以后，我国风险投资进入了前所未有的迅猛发展时期，2007 年科技部设立首个国家层面创业引导基金后，相关部门及地方政府陆续设立了一大批创业风险投资引导基金，引导社会资本参与高技术产业、战略性新兴产业发展。但财政资金在风险投资的总体资金中已经逐渐退出主导地位，且投资方式也由最初的直接投资转为间接投资，吸引更多的社会资本进入风险投资行业中，支持企业科技创新。此外，历经十年的努力，2009 年 10 月 30 日，中国创业板正式上市，主要为从事高科技业务、具有较高成长性，但规模较小、业绩也不突出的公司提供一个正式的融资渠道，2012 年 4 月 20 日，深交所正式发布《深圳证券交易所创业板股票上市规则》，并将创业板退市制度方案内容落实到上市规则之中。

（三）重大科技攻关工程建设

从国际经验来看，国家重大工程是技术运用、技术集成和技术创新的主战场。1942 年，美国联邦政府启动“曼哈顿计划”，集中了大批人才和资金，取得了圆满成功；始于 1961 年的“阿波罗登月计划”直接催生了美国国家航空航天局，实现了航空航天技术的重大突破；1993 年，“信息高速公路计划”推动了电子信息技术的不断创新，并使因特网产业成为美国第一大产业；2000 年以来，美国联邦政府推动了生物、纳米和氢能源的科技发展计划，旨在将生物经济、纳米经济和氢经济培育成新经济增长点。欧盟于 2013 年 12 月 11 日启动“地平线 2020”重点发展信息通信技术、纳米技术、材料技术、生物技术、制造技术、空间技术等。

我国政府也通过“两弹一星”、三峡电力工程、载人航天计划、探月工程等，有效地整合有限的科技资源，实现了相关领域科技水平的整体提升和生产力的跨越式发展。今后，还要继续发挥政府整合科技资源的优势，有针对性地进行技术研发和系统集成，攻克一批具有全局性、带动性的关键共性技术，并通过示范和推广应用，保障经济社会可持续发展。

三、公共消费方面

20 世纪 80 年代以来，政府购买公共服务（purchase of service contracting，POSG）模式被越来越多的国家和地区政府采用。政府购买科技公共服务，就是通过市场机制作用，将政府直接向社会公众提供的科技公共服务事项，按照一定的方式和程序，交由具备条件的社会力量承担，政府根据科技服务数量和质量向其支付费用。政府购买科技公共服务往往被作为一种激励科技创新的手段而广泛采用。政府购买不仅可以引导和带动市场需求与分担科技创新风险，还可以通过其政策示范效应引导私人资本流向科技创新产品。美国的政府采购政策已成为创新体系中非常重要的组成部分，其西部硅谷地区和东部 128 号公路沿线高技术产业群的迅速发展中，政府采购政策发挥了关键作用。美国计算机和半导体工业发展早期，国防部和国家航空航天局出面采购，有效降低了这些产品早期进入市场的风险。

我国新修订的科学技术进步法第二十五条规定“对境内公民、法人或者其他组织自主创新的产品、服务或者国家需要重点扶持的产品、服务，在性能、技术等指标能够满足政府采购需求的条件下，政府应当购买；首次投放市场的，政府应当率先购买。政府采购的产品尚待研究开发的，采购人应当运用招标方式确定科学技术研究开发机构、高等学校或者企业进行研究开发，并予以订购”。近年来，各地对全行业、全区域性质的共性技术研发、技术转让及推广等带有公共特性的科技服务需求持续增大。与此同时，随着事业单位分类改革的推进，政府和部分科研事业单位、科研院所的关系将会由直接管理关系转为购买方和供给方之间的“契约关系”，政府满足科技服务需求的方式也由主要依靠财政拨款方式转为更多地采用购买服务的方式，这为政府购买服务提供了广阔的市场。虽然各个地方在推进政府购买科技公共服务方面进行了大量有益的探索，但也面临一些问题：一是科技公共服务生产主体数量少、能力不强；二是科技公共服务需求评估、价格形成和效果评估机制不完善；三是科技公共服务评估的内容、指标体系、计量方法及如何使用评估结果等方面都还缺乏完善的工具和实施方案。